方与圆的人生智慧课

文娟　编著

吉林文史出版社
JILIN WENSHI CHUBANSHE

图书在版编目（CIP）数据

方与圆的人生智慧课 / 文娟编著. -- 长春：吉林文史出版社，2017.5
（2018.1重印）

ISBN 978-7-5472-4216-2

Ⅰ.①方… Ⅱ.①文… Ⅲ.①人生哲学－通俗读物 Ⅳ.①B821-49

中国版本图书馆CIP数据核字(2017)第119023号

方与圆的人生智慧课
FANG YU YUANG DE RENSHENG ZHIHUI KE

出 版 人　孙建军
编 著 者　文　娟
责任编辑　于　涉　董　芳
责任校对　薛　雨
封面设计　韩立强
出版发行　吉林文史出版社有限责任公司（长春市人民大街4646号）
　　　　　www.jlws.com.cn
印　　刷　天津海德伟业印务有限公司
版　　次　2017年5月第1版　2018年1月第2次印刷
开　　本　640mm×920mm　　16开
字　　数　210千
印　　张　16
书　　号　ISBN 978-7-5472-4216-2
定　　价　45.00元

前　言

　　"方"与"圆"是中国传统文化里两个相对应的具有深刻哲理内涵的意象：方是刚，圆是柔；方是原则，圆是机变；方是做人之本，圆是处世之道。方与圆相结合，刚柔相济，阴阳相生，变幻无穷，可以不变应万变，亦可以万变应不变，其中包含了做人的智慧精髓，浓缩了处世的技巧精华，自古以来被视为人生之大道，做人之大智，做事之大端。在做人做事中，如果能做到方外有圆，圆内有方，能方能圆，亦方亦圆，方圆合一；则必能进退自如，游刃有余，从容周旋，化危机于无形，赢得广阔的生存空间。

　　方与圆这一人生大智慧，在现实生活的做人做事中，会以不同的形式表现出来，本书从不同角度对其在为人处世、生存竞争、人际交往、求人办事、领导管理、商场经营等方面的运用进行深入的阐述，全面诠释出方与圆的智慧真谛，解开方圆做人的天机，参尽圆融处世的秘诀。

　　一代才子郑板桥在两个世纪前一句"难得糊涂"的感叹，引起多少世人的共鸣。诚然，"难得糊涂"几个字蕴含多少前人的沧桑与智慧。糊涂不是昏庸，而是为人处世的一种策略，是毫不露骨的聪明，是一种超越精明的精明。在生活中，真正的聪明人都是懂得糊涂的。他们遇到任何事绝不自作聪明，大发议论，相反他们总是做出一副什么都不知道、什么都不清楚的样子，躲躲闪闪装糊涂。这样的人心知肚明，但是什么人也不会得罪。他们在生活中能够左右逢源，活得逍遥自在。

懂得吃亏是中华几千年生存历史的经验总结，它集儒释道的哲学内涵于一身，包含了人生沉浮的智慧与韬略。吃亏是指人的物质利益的丢失与被掠夺，而"吃亏是福"则是中国历代哲人深刻的人生感悟。吃亏看似失去了眼前的小利，是表面的隐忍与退却，而实际却为你日后获得更大利益埋下了伏笔。如果你对眼前的小亏斤斤计较，寸土不让，终究会独自品尝那得不偿失的苦果。懂得了"吃亏是福"的人生哲理，会使你历练出平和、容忍、谦逊的修养与情操，拥有更加持久永恒的生命力与竞争力，在人生的阶梯上一路攀升。

低调是一种境界，鹰立如睡，虎行似病；低调是一种策略，韬光养晦，深藏不露；低调是一种心态，谦虚内敛，豁达平和；低调是一种哲学，地低成海，人低成王；低调是一种智慧，智者必学，强者必用。低调既是普通人的处世准则，又是成功者的为人训诫。有品位的人不一定低调，有内涵的人不一定低调，成熟的人也不一定低调，但反过来讲，低调的人会更有品位，更有内涵，也更成熟。总之，只有懂得低调做人的人，才能够在社会这个大舞台上扮演好每一个角色，才能够在人生这段旅途中走好每一段路。

低头，才能出头。历史上、现实生活中常常有这样一些人，他们很有能力，也不乏干劲，但为人傲气十足，处处把头抬得很高，不屑于屈就现实生活中有意或无意设置的一些低矮"门槛"，这些人最终只能处处碰壁，被撞得头破血流，不但成就不了任何事业，甚至连容身之所都没有。相反，那些资质平平但懂得低头的人，小则能安身立命，一生平顺，大则能赢得人心，出人头地，成就一番伟业。其实，低头不是自卑，更不是怯懦；它是一种能力，是一种处世的姿态，是一种思考问题的角度，是一种与人相处的方式，是一种生存策略，更是人生的大智慧。现在的低头，是为了将来更好地出头。

学会选择，懂得放弃。人一生中，需要做出太多选择，无论是在爱情、婚姻上，还是在工作、事业上，不同的选择导致命运的迥异。错误的选择会让人走尽弯路，辛苦一生却一无所获，或走入歧途，酿成人生悲剧；量力而行，睿智选择，才会让人一帆风顺，成就完美人生。同样，人一生中需要放弃的太多，放弃不能承受之重，放弃心灵桎梏，该放弃时就要放弃，放弃是一种超越，一种生存智慧。不懂放弃常使人背负沉重压力，长期被痛苦困扰；懂得放弃让你避免许多挫折，生活更顺利。只有在纷繁复杂的社会现实中保持清醒的头脑，更直观、更理性地认识自己，认识社会，在漫长的人生旅程中正确选择，适时放弃，走好人生每一步棋，才能把握好自己的命运，早日实现成功。

　　舍得，是中国文化的精髓，所谓"不舍不得，小舍小得，大舍大得"。鸣蝉舍弃了外壳，因而能自由高歌；壁虎舍弃了尾巴，因而能在危难之中保全生命；雄蜘蛛舍命求爱，因而得以繁衍后代。舍，并不是全部舍掉，而是舍掉那些沉重的、让你走不远的负累，留下那些轻快的、灵性的美好，从而让你闪耀着含蓄、内敛、从容的光芒。舍得是一种哲学，更是一种艺术；是一种精神，更是一种领悟；是一种智慧，更是一种境界。只有懂得了舍得的人生大智慧，才能够将自己的人生经营得有声有色，拥有成功而幸福的生活，从而活得精彩，活得快乐。

　　包容自古以来就是人们立身处世的大智慧。《尚书》云："有容，德乃大。"《周易》云："君子以厚德载物。"《老子》云："江海之所以能为百谷王者，以其善下之。"佛教更是劝诫人们修行忍辱，"大肚能容，容天下难容之事"，达到"心包太虚，量周沙界"的境界。包容是一种美好的心性，是一种博大的胸襟，是一种能够放下一切的气度，是一种淡定从容的洒脱，是一种俯仰自如的风度。一个人一生成就的大小，很大程度上就是由他包容的大小决定的，正如星云大师所说的那样：心胸有多大，事业就有多大；包容有多少，拥有就有多少。综观古今成大事业者，无不有海纳百川的肚量，所谓"量小非君子"，"将军额上能跑马，宰相肚里能撑船"。

归根结底，人生就是一门在方与圆之间把握平衡的艺术，尊与卑、智与愚、贵与贱、得与失……一切都在方圆之间。天方地圆，无限广阔，人在其中，微如芥子。然而，掌握了方圆之道的大智慧，天地就会变得很小，人生就会变得伟大。因为，此时的你已经真正看清了世界，真正读懂了自己。

目 录

第一章 糊涂做人，精明做事

第二章 吃得亏中亏，方享福中福

第一节 好汉要吃"眼前亏"

第二节 割一块肉，得一头牛

第三节 舍卒保车，鸡蛋不必硬碰石头

第三章 学会低头，才能出头

第四章　圆融处世，成就大业

第五章　学会选择，懂得放弃

第一节　选择是人生的必修课

第二节　懂得放弃才能成就人生

糊涂做人，精明做事

第一节

机关不可算尽，聪明适量即可

大智若愚，该糊涂时就糊涂

《红楼梦》中的王熙凤，可谓是家喻户晓。王熙凤何等的冰雪聪明，简直就是女人中的精品，恐怕这世上有很多男人都不及她。她八面玲珑、九面处世、外柔内刚；她笑里藏刀，表面向你微笑，心里却在给你下套子。迷上她美色的贾瑞被她整得一缕孤魂上青天；看上她老公的尤二姐被她给逼得吞金自尽；而她的"偷梁换柱掉包计"李代桃僵，则送掉了颦儿脆弱的性命。

王熙凤的能耐大，荣宁两府在她的整治下服服帖帖，一个秦可卿出殡这样的大事到了她手里简直是小菜一碟。她能说会道，贾府上下无人不晓她琏二奶奶的。

可王熙凤却是一个精明过火的女人，精明到处处好强、事事争胜，哪儿都落不下她，终于得罪了大太太，加之贾母撒手人寰，她的靠山没了，终于反送了卿卿性命。红学家们感慨这样一个精明能干的女人最终结局如此悲惨，全在于她毕竟是一介女流，毕竟没有看透官场上的处世哲学——难得糊涂。

为人处世，是精明一点好，还是糊涂一点好，各人有各人不同的答案。但是卡耐基认为，人脉中还是"糊涂"一点好，当然这种糊涂并不是真的糊涂，而是希望我们学会一点大智若愚的技巧，避免一些弄巧成拙的尴尬。英国首相丘吉尔频频向罗斯福发出告急求救，恳求美国伸出援助之手，面对整个社会对战争的反对态度和国会的僵硬立场，罗斯福总统心有同情却无力行动。但罗斯福一方面顺应人们的和平愿望，另一方面又以政治家的智慧注视着战争形势的发展，保持对希特勒德国和日本军国主义的理性认识。在 1940 年最后几个星期，美国国会通过了租借法案，罗斯福终于赢得了一次胜利。

其实"糊涂学"就是做人的智慧，这包括了知、情、意三个方面的综合体现，在"知"的方面，"糊涂"就是承认人的认识的有限性，不过分依靠和卖弄自己的智慧。勿恃小智，勿弄奇巧，息竞争心，它包含了大智若愚、藏巧于拙，顺其自然、无为而治，谨言慎行、因势利导，精益求精、善于其技，虚心纳谏、博采众长，居安思危、留有余地等范畴。在"情"的方面，就是安贫乐道、隐忍退让、息贪婪欲，它包含安守本分不要凡事强做，淡泊名利，宁静致远，乐天知命等。在"意"的方面，就是淡泊明志、立身端方、守清正节，包含宠辱不惊、功成不居，严于律己、宽以待人，刚正不阿、洁身自好等。

当然，糊涂的范畴很广，我们在这里无法把所有的都涵盖，只能说真正的大智若愚还要在日常的积累中感悟。真正能巧用模糊语言，偶尔装装糊涂，将有助于经营你的人脉，改善你的人际关系。

看穿是非得失，心中有数即可

虽然说人生如戏，但是真正的高人，不在戏中迷失自己。是是非非、纷纷扰扰不过是过眼云烟，不值得挂怀。面对再多的诱惑，也知道该放弃时则放弃，在混杂中活得清楚明白。一切势态，一切将来，都心中有数，智慧者当如是。

其实，什么是看穿是非，说直白一点就是懂得跳出来，懂得放弃。平日里，我们的心像钟摆一样在得失间摇摆，懂得放弃是一种智慧。

庄子提出，人得了道就是真人，真人有真智慧。什么叫真人？"不逆寡"，即顺其自然，一切不贪求，摆脱常人贪多的通病。"不雄成"，走出自大的机械心理，得道的人不觉得自己了不起，一切的成功都是自然，看淡成败得失。

汉代司马相如所著《谏猎书》有云："明者远见于未萌，而智者避危于未形。"意思是，明理的人在事物还没有发生之前就预见到了事情的发生，聪明的人可以在危险出现之前就已经安排好了避免危险的方法。

得失都是一样，有得就有失，得就是失，失就是得，所以一个人的最高的境界，应该是无得无失，但是人们通常都是患得患失，未得患得，既得患失。我们的心，就像钟摆一样，得失、得失，就这样摆，非常痛苦。塞翁失马，你怎么晓得是福还是祸呢？所以，不要把得失看得太重。

佛曰："苦海无边，回头是岸。"偏偏有人就执迷不悟。因此，烦恼都是自找的。

超然忘我，放下得失之心，不苦苦执著于自己的得与失、喜与悲，便不会活得那么累。有人说，人的一生之中只有三件事，一件是"自己的事"，一件是"别人的事"，一件是"老天爷的事"。

今天做什么，今天吃什么，开不开心，要不要助人，皆由自己决定；别人有了难题，他人故意刁难，对你的好心施以恶言，别人的事与自己无干；天气如何，狂风暴雨，山石崩塌，人能力所不能及的事，只能是"谋事在人，成事在天"，过于烦恼，也是于事无补。人活得累，离道越来越远，只是因为，人总是忘了自己的事，爱管别人的事，担心老天爷的事。所以要想轻松自在很简单：打理好"自己的事"，不去管"别人的事"，不操心"老天爷的事"。

游戏人间不是玩世不恭，而是让自己的心境轻松，守住做人的本分，从俗事中解脱出来，不被物质所累。

生而为人，便应遵循人生的价值，为了国家、为了天下，乃至宗教所说的为了救人救世，明知道这条命要赔进去，也要活得十分坦然，是"托不得已"的命之所在、义之所在。"以养中"这个"中"，即内心的道，自己修的道。诚心修道，掌握了为人处世的原则，就是真正的有道之士。

智者守愚

清代著名的扬州八怪之一——郑板桥的一生中，皓首穷经，从世态炎凉和官场丑恶中总结出了一句至理名言——难得糊涂。

中国古代的道家和儒家都主张"大智若愚"，而且要"守愚"。孔子的弟子颜回会"守愚"，深得其师的喜爱。他表面上唯唯诺诺、迷迷糊糊，其实他在用心功，所以课后他总能把先生的教导清楚而有条理地讲出来，可见若愚并非真愚。大智若愚的人给人的印象是：虚怀若谷、宽厚敦和、不露锋芒，甚至有点木讷。其实在"若愚"的背后，隐含的是真正的大智慧、大聪明。

孔子年轻气盛之时，曾受教于老子。老子对孔子说："良贾深藏若虚，君子盛德容貌若愚。"即善于做生意的商人，总是隐藏其宝货，不叫人轻易看见；君子之人，品德高尚，容貌却显得愚笨拙劣。

因此，老子警告世人："不自见，故明；不自是，故彰；不自伐，故有功；不自矜，故长。""企者不立，跨者不行，自见者不明，自是者不彰，自代者无功，自夸者不长。"

老子是第一个推崇"愚"的含义的人——宽容、简朴、知足的最高理想。

这种处世态度包括了愚者的智慧、隐者的利益、柔弱者的力量和真正熟识世故者的简朴。这种境界的达到，往往是一个高尚的智者在人生的迷恋中翻然悔悟后得来的。

即使在儒家思想中，没有任何东西比炫耀、漂亮、有意显示更遭批评的了。

金熙宗时期，石琚任邢台县令时，官场腐败、贪污成风，独石琚洁身自好，还常告诫别人不要见利忘义。

石琚曾经规劝邢台守吏说："一个人到了见利不见害的地步，他就要大祸临头了。你敛财无度，不计利害，你自以为计，在我看来却是愚蠢至极。回头是岸，我实不忍见到你东窗事发的那一天。"

邢台守吏拒不认错，私下竟反咬一口，向朝廷上书诬陷石琚贪赃枉法。结果，邢台守吏终因贪污受到严惩，其他违法官吏也一一治罪，石琚因清廉无私，虽多受诬陷却平安无事。

石琚官职屡屡升迁，有人便私下向他讨教升官的秘诀，石琚总是笑一笑说："我不想升迁，凡事凭良心无私，这个人人都能做到，只是他们不屑做罢了。人们过分相信智慧之说，却轻视不用智慧的功效，这就是所谓的偏见吧。"

金世宗时，任命石琚为参知政事，万不想石琚却百般推辞，金世宗十分惊异，私下对他说："如此高位，人人朝思暮想，你却不思谢恩，这是何故？"

石琚以才德不堪作答，金世宗仍不改初衷。石琚的亲朋好友力劝石琚道："这是天大的喜事，只有傻瓜才会避之再三。你一生聪明过人，怎会这样愚钝呢？万一惹恼了皇上，我们家族都要受到牵连，天下人更会笑你不识好歹。"

石琚长叹说："俗话说，身不由己，看来我是不能坚持己见了。"

石琚无奈地接受了朝廷的任命，私下却对妻子忧虑地说："树大招风，位高多难，我是担心无妄之灾啊。"

他的妻子不以为然，说道："你不贪不占，正义无私，皇上又宠信于你，你还怕什么呢？"

石琚苦笑道："身处高位，便是众矢之的，无端被害者比比皆是，岂是有罪与无罪那么简单？再说皇上的宠信也是多变的，看不透这一点，就是不智啊。"

石琚在任太子少师之时，他曾奏请皇上让太子熟习政事，嫉恨他的人便就此事攻击他别有用心，想借此赢取太子的恩宠。金世宗听来十分生气，后细心观察，才认定石琚不是这样的人。

金世宗把别人诬陷他的话对石琚说了，石琚所受的震撼十分强烈，他趁此坚辞太子少师之位，再不敢轻易进言。大定十八年，石琚升任右丞相，位极人臣，前来贺喜的人络绎不绝。石琚表面上虚与委蛇，私下却决心辞官归居。他开导不解的家人、故旧说："我一生勤勉，所幸得此高位，这都是皇上的恩典，心愿已足。人生在世，祸在当止不止，贪心恋栈。"

他一次又一次地上书辞官，金世宗见挽留不住，只好答应了他的请求。世人对此事议论纷纷，金世宗却感叹说："石琚大智若愚，这样的人才天下再无二人了，凡夫俗子怎知他的心意呢？"

装"糊涂"有时候也是一种无奈之举，特别是当弱者面对强大的敌人时，装糊涂就成为一种重要的智慧了。

1864 年，在日本的德川幕府时代。西方列强瓜分了中国之后，又对日本虎视眈眈，他们用武力要挟日本签订割让日本彦岛的条约。日本方面派高杉普作为谈判代表。高杉普作曾到过中国，亲眼见到中国国土被列强割据的惨状。为了国家的安危，他尽自己的能力与列强在谈判桌上周旋。在签字仪式上，他滔滔不绝地说："我日本国，自从天照大神以来，就……"把日本的历史一一述说出来。历史文字一般高深难懂，假若再译成其他语言，则更要费时费力。因为高杉普作的这一做法，使翻译大为头痛，很多地方不知如何用英语表达。而西方列强代表听得更是云山雾罩。谈判最终无法分出谁胜谁负，据说签字之事也就不了了之，日本国土得以保全。

一个人应该有远大的志向，伟人从来都是志向远大而豪爽的。与他人交谈，尤其谈论的主题令人不快时，最好不要过于注重一些不必要的细节，即使是需要注意的一些事情也应该随意一点，因为把谈话变成琐碎的询问总是不好的。在与人交往的时候，需要的是彬彬有礼和宽宏大量，因为这是一种高雅的风度。善于支配他人的一大要诀就在于对事情表现出漠不关心。学会忽视发生在好友、熟人，特别是对手中的大多数事情，因为过分的谨小慎微是令人不快的。

每个人都有缺陷，对于别人的缺点，我们有时候需要"糊涂"一点。这种对人们缺点的"糊涂"，是一种难得的糊涂。有时候"糊涂"是日常生活中不可缺少的一个音符，"糊涂"是为人处世时刻都用得上的。

这里所说的"糊涂"，是指在待人接物时，装装糊涂，讲点艺术。

苏轼在《贺欧阳少师致任启》中说："力辞于未及之年，退托以不能而止，大勇若怯，大智若愚"，对于那些不情愿去做的事，可以以智回避。有大勇，却装出怯懦的样子，聪敏，装出很愚拙的样子，如此可以保全自己的人格，同时也可不做随波逐流之事。真正的大智大勇者未必要大肆张扬，徒有其表，而要看其实力。李贽也有类似的观点："盖众川合流，务欲以成其大；土石并砌，务以实其坚。是故大智若愚焉耳。"百川合流，而成其大；土石并砌，以实其坚，这才是大智若愚。

人们在追求成功的过程中，并不是笔直平坦的，它是由许多曲折和迂回铸成的。聪明的人在不能直达成功彼岸的时候，就会采取迂回前进的办法，不断克服困难，最终走向成功。当面临困难，面对无奈和尴尬时，不妨糊涂一些，只有这样，成功才会最终属于你。

为人切莫太聪明

《伊索寓言》里有一篇关于鸟、兽和蝙蝠的寓言。

鸟族与兽类宣战，双方各有胜负。蝙蝠总是站在胜利的一方。经过一段时间，鸟族和兽类宣告停战，争取和平，交战双方最终知道了蝙蝠的欺骗行为。双方都把很多罪名加在蝙蝠头上：内奸、叛徒、间谍……

因此，双方一致决定把蝙蝠赶出日光之外。从此以后，蝙蝠总是躲藏在黑暗的地方，只是到了晚上才能独自出来觅食果腹。

这则寓言告诉我们一个道理，为人切莫太聪明，巧诈不如拙诚。真正会圆润为人的人不会让自己的聪明太外露，聪明过了头，反而会招来大麻烦。

三国时期，杨修在曹操手下任主簿，起初曹操很重用他，杨修却不安分起来。有一次，有人送给曹操一盒酥，曹操吃了一些，就又盖好，并在盖上写了"一合酥"三字于盒上，大家都弄不懂这是什么意思，杨修见了，就拿起匙和大家分吃，并说："盒上明书一人一口酥，岂敢违丞相之命乎？"

还有一次，建造相府，才造好大门的构架，曹操亲自来察看了一下，没说话，只在门上写了一个"活"字就走了。杨修一见，就令工人把门造窄。别人问为什么，他说门中加个"活"字不是"阔"吗，丞相是嫌门太大了。

杨修不看场合，不分析别人的好恶，只管卖弄自己的小聪明，引起曹操不满。

在封建时代，统治者都要为自己选择接班人，而那些有希望成为接班者的人，也不管是兄弟还是叔侄，都明争暗斗，所以这种斗争往往是最凶残、最激烈的。但是，杨修却挤到这场危险的斗争里去，而且还忘不了时时地卖弄自己的小聪明。

曹丕、曹植，都是曹操选择继承人的对象。曹植能诗赋、善应对，很得曹操欢心。曹操想立他为太子。曹丕知道后，就秘密地请歌长（官名）吴质到府中来商议对策，但害怕曹操知道，就把吴质藏在大竹片箱内抬进府来，对外只说抬的是绸缎布匹。这事被杨修察觉，他不加思考，就直接去向曹操报告，于是曹操派人到曹丕府前盘查。曹丕闻知后十分惊慌，赶紧派人报告吴质，并请他快想办法。吴质听后很冷静，让来人转告曹丕说："没关系，明天你只要用大竹片箱装上绸缎布匹抬进府里去就行了。"结果，曹操因此怀疑是杨修帮助曹植来陷害曹丕，十分气愤，就更讨厌杨修了。

曹操经常要试探曹丕、曹植的才干，每每拿军国大事来征询他们的意见，杨修就替曹植写了十多条答案，曹操一有问题，曹植就根据条文来回答，因为杨修是相府主簿，深知军国内情，曹植按他写的回答当然事事中的，曹操心中难免又产生怀疑。后来，曹丕买通曹植的随从，把杨修写的答案呈送给曹操，曹操气得两眼冒火，愤愤地说："匹夫安敢欺我耶！"

有一次，曹操让曹丕、曹植出邺城的城门，却又暗地里告诉门官不要放他们出去。曹丕第一个碰了钉子，只好乖乖回去，曹植闻知后，又向他的智囊杨修问计，杨修干脆告诉他："你是奉魏王之命出城的，谁敢拦阻，杀掉就行了。"曹植领计而去，果然杀了门官，走出城去，曹操知道以后，先是惊奇，后来得知事情真相，愈加气恼，于是决定除掉杨修。

建安二十四年（公元 219 年），刘备进军定军山，他的大将黄忠杀死了曹操的爱将夏侯渊，曹操亲自率军到汉中来和刘备决战，但战事不利，若前进害怕刘备，若撤退又怕被人耻笑。一天晚上，护军来请示夜间的口令，曹操正在喝鸡汤，就顺便说"鸡肋"，杨修听到以后，便又耍起自己的小聪明来，居然不等上级命令，只管叫随从军士收拾行装，准备撤退。曹操知道以后，他竟说："魏王传下的口令是'鸡肋'，可鸡肋这玩艺儿，弃之可惜，食之无味，正和我们现在的处境一样，进不能胜，退恐人笑，久驻无益，不如早归，所以才先准备起来，免得临时慌乱。"曹操一听，大怒道："匹夫怎敢造谣乱我军心！"于是喝令刀斧手，推出斩首，并把首级悬挂在辕门之外，以为不听军令者戒。

试想两军对垒，是何等重大之事，怎么能根据一句口令，就卖弄自己的小聪明，随便行动呢？无论有没有前面所说的那些芥蒂，单这一点也足以说明杨修其人是恃才傲物，我行我素，只相信自己，不考虑事情后果的人。杨修的办事为人，引来杀身之祸，我们只应把他作为前车之鉴，切不可把他当成聪明的楷模。

每个人都有自己的做人原则，有些人可能喜欢平淡从容，有些人可能喜欢锋芒毕露。我们会发现踏踏实实的人很容易与人共处，而锋芒毕露的人则没有什么太好的人缘。人缘可不是小问题，它的好坏直接影响着你社交的成败。因此，要学会控制住你的聪明。

凡事不要太较真

处理事情的时候，一味地强调细枝末节，以偏盖全，就会抓不住问题的要害，没有重点，头绪杂乱，不知道从哪里下手才是正确的。因此，无论是用人还是做事，都应注重主流，不要因为一点小事而妨碍了事业的发展。须知金无足赤，人无完人，我们要用的是一个人的才能，不是他的过失，那为什么还总把眼光盯在过失上呢？忍小节，就是不去纠缠小节、小问题，要宽恕待人，用人之长。

《劝忍百箴》中认为：顾全大局的人，不拘泥于区区小节；要做大事的人，不追究一些细碎小事；观赏大玉圭的人，不细考察它的小疵；得巨材的人，不为其上的蠹蛀而怏怏不乐。因为一点瑕疵就扔掉玉圭，就永远也得不到完美的美玉；因为一点蠹蚀就扔掉木材，天下就没有完美的良材。

有一则关于"伯乐相马"的故事。秦穆公对伯乐说："您的年纪大了，您的家里，有能去寻找千里马的人吗？"伯乐回答说："好马可以从外貌、筋骨上看出来。但千里马很难捉摸，其特点若隐若现，若有若无，我的儿子们都是才能低下的人，我可以告诉他们什么是好马，但没有办法告诉他们什么才是天下的千里马。我有一个朋友，名字叫九方皋。他相马的本领，不比我差，请您召见他吧！"

于是秦穆公召见了九方皋，派遣他去寻找千里马。三个月之后，九方皋回来了，向秦穆公报告说："千里马已经找到了，现在沙丘那个地方。"穆公问他："是一匹什么样的马呢？"九方皋回答说："是一匹黄色的母马。"秦穆公派人去取，结果是一匹公马，而且是黑色的。秦穆公非常不高兴，于是将伯乐召来，对他说："真是糟糕极了，您让我派去的那个寻找千里马的人，连马的颜色和雌雄都分辨不出来，又怎么能知道是不是千里马呢？"伯乐长叹一声说道："他相马的本领竟然高到了这种程度！这正是他超过我的原因啊！他抓住了千里马的主要特征，而忽略了它的表面现象；注意到了它的本领，而忘记了它的外表。他看到他应该看到的，而没有看到不必要看到的；他观察到了他所要观察的，而放弃了他所不必观察的。像九方皋这样相马的人，才真正达到了最高的境界！"那匹马牵来了，果然是天下难得的千里马。

很多男人常常会埋怨陪伴自己的妻子买东西，既费时间，又很劳累。她们不是对花纹不满意，就是对式样百般挑剔，或者觉得虽然式样勉强过得去，可惜质料实在不行，因为各种因素而犹豫不决，结果常常空手而归。其实，这些毛病并非只有妇女才有，一般人在工作或读书的时候，也会由于某种原因而产生迷惑。

一个人对于某事犹豫不决时，就会发生如上的迷惑或彷徨。这时候，如能针对自己的目的，抓住核心问题来研究，就可以发现一条排除迷惑的大道。例如，你要选购西装，不妨先明确地限定是何种花纹、式样、布料，如果决定以花纹为主，那么，式样和布料就可以作为次要考虑的条件。如果抓住重点来研究，自然能果断地选购，而且，以后也不会遭到别人的埋怨，自己也不会后悔。

俗语说的"眼花缭乱"这句话，正是上述的状况，但只要能有意识地视若无睹，就不会被眼前的情况所迷惑。总之，最重要的是要先抓住问题的核心，其他问题则可列为次要。

我们应该做到下面的几点：

把着眼点放在较大的目标上。一个没有做成生意的售货员向经理报告说："买卖没做成，但我和那位客人吵嘴赢了。"在销售中，重要的是做成生意，而不是分辨谁对谁错。

在与员工一起工作中，重要的是发挥他的潜力，而不是就他们犯的小错误大做文章。

在与邻居相处时，重要的是互相尊重与友好相处，而不是总盯着他们是否在说别人的闲话。

如果用部队里的术语来说，我们宁愿失去一场战斗，而赢得一场战争；也不愿因赢得一场战斗而失去战争。

在每次激动之前，问问自己："这事值得我那样大动干戈吗?"没有比这一提问更好地治疗为麻烦事而烦恼、激动的药方了。如果我们碰到麻烦事时，问自己一声："这事真的重要吗?"则最少90%的争吵与不和将不会发生。

不要掉进琐事的圈套中。在解决问题时，多想那些重要的事。不要为一些表象、肤浅的事情所淹没，集中精力于大事上。

另外，爱较真的人，经常没法转变思想，不会圆润说话，这样即使坦诚的话语，也可能招致不满。

比如，同事甲认为同事乙的衣服难看，便马上对她说："腿短而粗的人不适合穿这种裙子。"结果乙脸一沉，扭头便走，留下甲发愣。或者同事小李当着处长的面指点小王说："你的稿子里错别字很多，以后要仔细些。"实话固然是实话，但不久后公司却隐约有人传言：小李惯于在上司面前打击别人、抬高自己……倘若如此，小李恐怕会意识到自己的真诚并不那么受人欢迎。既然这样，又何苦呢？

真诚并不等于不假思索地将自己的感觉说出来，因为你的感觉是否正确尚是一个需要判断的问题。人们对事物的看法都属仁者见仁、智者见智，本没有绝对的对错。所以，有些事其实不用那么去较真，这样的人经常会把自己的生活弄得混乱不堪。圆润为人要学会不较真。

第二节

外拙内精，成功一路顺风

小事不妨糊涂，大事必须精明

生活中，我们常能听到那些处世老练的前辈们这样劝说刚步入社会、年轻气盛的人："算了吧，别计较那么清楚。"简简单单的一句话，却是长期世事磨砺的总结。不得不承认，人的一生精力有限，若对什么事都斤斤计较，那就会让自己太累了。

处世高明的人总是能做到"抓大放小"，小事糊涂而大事清醒，既显得宽容大度，又能保全自己。公元 995 年，吕端被宋太宗提升为宰相。对这个一人之下、万人之上的位置，吕端并不觉得有多了不起，他想的是如何调动全体臣僚的积极性，为此不惜自己放权和让位。当时和他有同样声望的还有一位名臣寇准，办事干练，很有才能，但是性子有些刚烈。吕端担心自己当了宰相后寇准心中会不平衡，如果要起脾气来，朝政会受到影响，于是就请太宗另下了一道命令，让担任参知政事（副宰相）的寇准和他轮流掌印，领班奏事，并一同到政事堂中议事。这得到了太宗的批准，也平和了寇准的情绪。后来，太宗又下诏说：朝中大事要先交给吕端处理，然后再上报给我。但吕端遇事总是与寇准一起商量，从不专断。过了一段时间，吕端又主动把相位让给了寇准，自己去当参知政事。这种主动让权，在世人的眼中自然是"糊涂"的举动。

有一年，朝中大臣李惟清被太宗从掌管全国军事的枢密使的位子上换下来，去当负责监察百官的御史中丞，虽然是平调，但实际权力发生了变化，他认为是吕端在中间使坏。于是，李惟清趁吕端有病在家休息没有上朝，告了吕端一个恶状。事情传到吕端耳中后，吕端不以为然，既没有去对皇帝表白，也没有去找李惟清算账，而是淡淡地说："我一辈子行得正，坐得直，没有做什么对不起人的事，又怕什么风言风语呢？"这种不与人计较的坦然心态也被人认为是"糊涂"。

在吕端刚刚担任参知政事的时候，他从文武百官前面经过，一个小官由于平时听多了吕端"糊涂"的传闻，对他很不服气，以很不屑的口吻说了一句："这个人竟也当了参知的事了？"吕端的随行人员觉得愤懑难平，要问那个人的姓名，看看是干什么的。吕端制止说："不要问，你问了他就得说，他说了我也就知道了，而我一知道，对这种公然侮辱我的人便会终生不能忘。着意地去报复对我来说是肯定不会的，但以后如果有什么事涉及他，撞到我手里，想做到公正对待也一定很难。所以，还是不知道的好。"这种君子不念恶，揣着明白装糊涂的举动对吕端来说，是一种反映自我修养的高尚境界，但在世人眼中，自然又被看成了"糊涂"。

吕端的"糊涂"，还在于他的不置产业。他不仅为官非常清廉，贪污受贿之事从来没有，就是应得的那份俸禄也常常分出一些周济照顾别人。以至于吕端去世后，他的两个儿子竟因生活困难，没钱结婚，只好把房产抵押给别人。真宗皇帝知道这件事之后，很受感动，从皇宫的开支中支出了五百万钱把房产赎了回来，另外又赏了不少金银和丝绸，替吕家还清了旧账。以宰相之尊，而后人贫困至此，在常人的眼里又是多么"糊涂"。吕端一生经历了三代帝王，在四十年的宦海生涯中几乎没有受到什么冲击，这种经历在封建王朝中实在是不多见的。这与他在大局、大节问题上毫不糊涂，但在事关个人利益的问题上却能"糊涂"了事的品质是有很大关系的。对于我们今天的人来说，不管是当官还是为人处世，都应该学学这种"糊涂"的精神。

所以，清醒的人要时刻面对许多的痛苦和麻烦，而"糊涂"实则是保全自我的处世之道，因为没有人会对一个"糊涂"的人提过多的要求。而糊涂下面掩藏的清醒则是你出奇制胜的关键。

守拙养晦，最快找到出手良时

与人竞争，不能贸然进攻，应该镇之以静，等待时机，一旦对手暴露出破绽，就要迅速扑上，毫不迟疑。公元221年，刘备不听诸葛亮、赵云的劝说，为了夺回荆州，亲率蜀国大部分人马，对东吴发动了大规模的战争。

孙权得知后，几次派人去向刘备求和，都遭到拒绝。在这之前，东吴大将周瑜、鲁肃和吕蒙等都已先后去世了。孙权不得已，只好任命年轻的镇西将军陆逊为大都督，统率五万人马去抵抗刘备。

吴国文武官员对陆逊出任大都督都表示怀疑，担心他不能胜任。为了提高陆逊的威望，孙权当着百官的面对陆逊说："朝廷里的事由我主持，外面打仗的事由你负责。"然后把自己佩戴的宝剑交给陆逊，接着说："哪个不服，由这剑说话！"百官听了，都默不做声。

陆逊辞别孙权，带着水陆两军来到前线。

这时候，刘备已进抵犹亭，沿路扎营，绵延几百里。吴国将领请求陆逊赶快出兵迎击刘备。

陆逊说："刘备此番东下，气势正盛，且占据高处，我们很难攻破。如果出师不利，便会挫伤士气，所以不如布置防御，等待时机。"将士们听了，嘴上虽没说什么，心里却认为陆逊胆小，个个脸上都流露出轻蔑的神色，暗笑他的懦弱。陆逊拍拍宝剑，又道："我虽是书生，但有责任更好地完成主上交给我的重大使命。如有不服，上方宝剑伺候！"

之后的日子里，蜀军多次挑战，陆逊总是置之不理。尽管刘备一次次挑战，陆逊就是没有上当。

两军相持半年之后，盛夏季节来临，天气异常炎热，蜀军士兵忍受不了蒸人的暑气，叫苦连天。刘备只得让水军离船上岸，和陆军一起，在树林的茂密之处，扎下互相连接的四十多座军营，等到秋凉后再向吴军大举进攻。

陆逊看到了蜀军战线拉得过长，兵力分散，士气低落，认为进行反攻的条件已经成熟了。一天，他召集大小将邻，宣布了出兵破蜀的计划。经他前前后后一分析，将领们都佩服他有远见。

为了使反攻有把握取得胜利，陆逊先派出一小部分兵力对蜀军的一个营寨进行了试探性攻击。虽然吃了点亏，但却找到了克敌的办法，那就是用火攻。

当天晚上，正值风猛。陆逊命所有的士兵每人手持一把茅草，里边藏上火种，向蜀营发起攻击。霎时火光冲天，蔓延开来。吴军乘着火势，奋力杀敌，接连攻破了蜀军四十多座营寨。

陆逊火烧犹亭，一举打败了连营几百里的蜀军，赢得了战争的胜利。陆逊能忍，一方面忍受内部将领对他的轻视和不理解，甚至有些将士暗地嘲笑他夹着尾巴做人；另一方面还要面对刘备的挑衅故意装傻，这中间需要承受非常大的压力。但他更明白时机未到，任何轻举妄动都会给自己带来严重的后果。一旦时机成熟，陆逊瞬间爆发取得了显著成效，这种做事的风格令人敬佩。

这就告诉我们，在进攻时机尚未成熟时必须要隐忍，要有承受一切压力的勇气和执著。如此待到时机成熟，便可当机立断，不失时机地采取行动，一举成功。

顺势糊涂，谬释其意、攻其不备

有些时候，我们面对谬论，面对强辩，假装愚蠢，故作糊涂，谬释敌意，恰好可以暴露对方缺点，然后攻其不备，出奇制胜。美国第九届总统威廉·哈里逊，小时候家里很穷，他沉默寡言，人们甚至认为他是个傻孩子，他家乡的人常常拿他开玩笑。比如拿一枚五分的硬币和一枚一角的银币放在他面前，然后告诉他只准拿其中的一枚。每次，哈里逊都是拿那枚五分的，而不拿一角的。

一次，一位妇女问他："孩子，你难道真的不知道哪个更值钱吗？"

哈里逊回答说："当然知道，夫人。可要是我拿了一枚一角的硬币，他们就再不会把硬币摆在我面前，那么我就连五分也拿不到了。"看得出来，哈里逊表面"傻"，装作不知道一角比五分多，可他的"傻"里面含蕴着智慧，从而使自己总能拿到钱。

大智若愚运用在语言诘难中，是指对对方的谬论，假装不明白，没能发现他的本意，故作曲解，谬释其意，讽言刺人。在某机场售票厅里，旅客们正在排队买票。突然，一位绅士粗暴地挤到售票窗口指责售票员工作效率太慢。当人们要他排队时，他又嚷道："你们叫什么？不知道我是谁？"

对此，售票员平静地向旅客说："各位，这位绅士有些健忘，已经不知道自己是谁了，不然，我想他不会做出有失身份的举动的。谁能帮助他回忆一下，他是谁呢？"

售票员的话引来了阵阵笑声，绅士羞得满脸通红，悻悻地走了。售票员面对绅士的粗野，假装不知，实则机智幽默，大智若愚。

大智若愚是曲线型思维的结果，即采用拐弯抹角的进攻方式。因此，运用此法可以产生强大的嘲讽和幽默效果，是论辩家常用的雄辩技巧。

关于这一点，曾发生这么一个有趣的故事。一位小伙子在三岔路口迷路了，他向一位老农漫不经心地问："喂！到李家庄走哪条路，还有多远？"

老农对小伙子粗声大气很不满意，好久才说："走大路一万丈，走小路七八千。"

小伙子感到奇怪："怎么这儿论丈不论里？"

老农笑着说："小伙子，原来你也会讲'里'（礼）？"老农故作愚昧，以"丈"论路程，而正是这种貌似愚蠢的话，表现了他的智慧。这种巧妙的策略，著名的大仲马也运用过。有一次，一个银行家揶揄地问大仲马说："听说你有四分之一的黑人血统，是吗？"

"我想是这样。"大仲马说。

"那令尊呢？"

"半黑。"

"令祖呢？"

"全黑。"

"请问，令尊祖呢？"

"人猿。"大仲马一本正经地说。

"阁下可是开玩笑？这怎么可能？"

"真的，是人猿，"大仲马怡然地说，"我的家族从人猿开始，而你的家族到人猿为止。"这里，大仲马用"假痴"佯装自己的真实目的，麻痹银行家，然后反守为攻，突然出击，使对方猝然不防，陷于窘境。

现实交际中，懂得顺势装糊涂，可以轻松麻痹对方，从而让对方陷入被动境地。然后再采取反攻举措，便可以轻松制胜了。

糊涂是自我保全的大手段

中国有句古话叫作"聪明反被聪明误"。有的人一世聪明，到头来却没有落得好的下场。其实，官场也好，商场也罢，或者在日常生活中的种种细琐之处也是，该糊涂的时候就不要顾忌自己的面子、学识、地位、权势，一定要糊涂。只有会糊涂，才能不为烦恼所扰，不为人事所累。这样才会有一个幸福、快乐、成功的人生。

朱元璋打败陈友谅、张士诚，定鼎南京，建号称帝，并由刘伯温亲自选定风水宝地，开工兴建宫殿。朱元璋住进建好的皇宫后，没事便到处走走，四处逛逛。

一天他走到一间刚完工的大殿里，回想自己当年当和尚的情景，一时百感交集，见四下无人便忍不住将心声脱口而出："唉，我当年不过为饥寒所迫，只想当个盗贼，沿江抢掠些金银财物而已，哪曾想能有今日这番气象。"

说完后，他仰面观看棚壁，却吓了一跳。原来有一名漆匠正在一个大梁上聚精会神地刷漆，由于梁木宽大，朱元璋先前竟没发现他。

朱元璋马上意识到这名漆匠已经听得了他的秘密，如果不杀人灭口，势必会传扬得四海皆知，那可是丢人丢脸又不利于自己治理百姓的大事。

这样想着，他便开口让那名漆匠下来。谁知连喊了几遍，那漆匠竟充耳不闻，继续慢条斯理地做着手中的活。朱元璋大怒，加大了音量喊，那名漆匠才仿佛听到声音，忙下来跪在朱元璋面前叩头说："小人不知陛下驾到，没有及时避开，冒犯了陛下，请陛下恕罪。"

朱元璋怒声道："你耳聋了怎的？我叫了你几遍你都不下来？"

漆匠叩头说："陛下真是英明皇帝，连小人耳朵有点儿聋都知道。陛下圣明，这是小人和万民的莫大福分。"

朱元璋生性多疑，但看漆匠脸上神色并无太大变化，心想他骤然听到这样大的秘密，自然知道厉害，不吓得掉下来也会面无人色，不会如此平静，看来他真是耳朵有些不灵敏的人呢。

也是那漆匠运气甚佳，那天恰逢朱元璋兴致好，又见他的刷漆手艺很不错，活也细致用心，又很会说话，便摆摆手让他继续干活。这名漆匠当晚便找个借口逃出皇宫，连夜逃回家中，携带妻小躲避到了他乡。而朱元璋后来因为国事繁忙，根本记不得这件事了。

愚、挫、屈、讷都给人以消极、低下、委屈、无能的感觉，但愚、挫、屈、讷却是人为营造的假象，目的是为了迷惑外界，以达到自我保全或养精蓄锐的目的。因此，糊涂其实是一种积极上进的谋略，这其中的博大与精深之处，有待我们每个人去体悟与学习。

糊涂是聪明人的百变战术

糊涂是一门处世艺术，假装愚钝，让人以为自己浅显无能，让人忽视自己的存在，这样在必要时，便可不动声色地先发制人，让人稀里糊涂的，失败了都不知是怎么回事。

汉献帝建安十三年（公元 208 年），曹操亲率大军攻打江南。当时东吴的孙权在战与和之间举棋不定。

周瑜是吴军的大都督，掌握着吴国的军事大权。因此，诸葛亮非常明白，要想说服孙权奋起联合抗曹，必须先说服周瑜。可是当时诸葛亮还不太了解周瑜的个性和态度，于是就想试投"一石"以观效果。

一天晚上，诸葛亮由鲁肃引见去会周瑜。鲁肃问周瑜："如今曹操驻兵南侵，是战是和，将军欲何如？"周瑜说道："操挟天子以令诸侯，难以抗命。而且兵力强大，不可轻敌。战则必败，和则易安。我们的意见是和为上策。"鲁肃大惊道："将军之言错矣！江东三世基业，岂可一朝白白送给他人？"周瑜说道："江东六郡，千百万生命财产，如遭到战祸之毁，大家都会责备我的。因此，我决心讲和为好。"诸葛亮听完，觉得周瑜若不是抗曹的决心未定，就是一种有意试探。此时如果不另辟蹊径，只是讲一通孙刘联合抗曹的意义，或是夸耀周瑜盖世英雄，东吴地形险要，战则必胜的道理，肯定难以奏效。于是，他采用迂回战术旁敲侧击，激怒了周瑜，让他下了联合抗曹的决心。诸葛亮是这样说的："我有一条妙计，只需差一名特使，驾一叶扁舟，送两个人过江。曹操得到那两个人，百万大军必然卷旗而撤。"周瑜急问是哪两个人。诸葛亮说道："曹操本是一名好色之徒，打听到江东乔公有两位千金，大乔和小乔，都长得美丽动人，便发誓说：'我有两个志向，一是要扫平四海，创立帝业，流芳百世；二是要得到江东二乔，以娱晚年。'现在他领兵百万，进逼江南，其实就是为乔家的两位千金而来的。将军何不找到乔公，花上千两黄金买到那两个女子，差人送给曹操？江东失去这两个人，就像大树飘落一两片黄叶，大海减少一两滴水珠一样，丝毫无损大局；而曹操得到两人，必然心满意足，欢欢喜喜班师北返。"周瑜说道："曹操想得到二乔，有什么证据可说明这一点？"诸葛亮答道："有诗为证。曹操的儿子曹植十分会写文章。曹操在漳河岸上建造了一座铜雀台，雕梁画栋，十分壮丽，并挑选许多美女安置其中，又令曹植作了一篇《铜雀台赋》。文中之意就是说他会做天子，立誓要娶'二乔'。"周瑜问："那篇赋是怎么写的，你可记得？"诸葛亮说道："因为我十分喜爱赋中的华丽文笔，曾偷偷地背熟了。"周瑜便请诸葛亮背诵。赋略云："从明后以嬉游兮，登层台以娱情……临漳水之长流兮，望园果之滋荣。立双台于左右兮，有玉龙与金凤。揽'二乔'于东南兮，乐朝夕之与共……"

周瑜听罢，勃然大怒，霍地站立起来指着北方大骂道："曹操老贼欺我太甚！"诸葛亮见状急忙阻止，说道："都督忘了，古时候单于多次侵犯边境，汉天子许配公主和亲，你又何必可惜民间的两个女子呢？"周瑜说道："你有所不知，大乔是孙伯符将军的夫人，小乔就是我的爱妻！"诸葛亮佯作失言请罪道："真没想到有这回事，我真是该死！"周瑜怒道："我与曹操老贼势不两立！"诸葛亮却故作姿态地劝道："请都督不可意气用事，望三思而后行，世上绝无卖后悔药的！"周瑜说道："承蒙伯符重托，岂有屈服曹操之理？我早有北伐之心，就是刀剑架在脖子上也不会变卦的。劳驾先生助我一臂之力，同心合力共破曹操。"就这样，在周瑜等人推动下，孙、刘结成的抗曹联盟得到了巩固，赢得了赤壁之战的重大胜利，奠定了三国鼎立的基础。

其实，"揽二乔于东南兮"为诸葛亮篡改原名所得，但为了达到目的，他巧装糊涂，故意曲解，终于把周瑜引上了钩。

"装糊涂"重在一个"装"字，用"装"来掩饰一个巨大的骗局，掩盖其才华、声望、感情和意图，从而收到以静制动、以暗处明、以柔克刚、以反处正的功效。

第三节

用装糊涂的方式，让对方真糊涂

用装糊涂的方式让对方糊涂

装糊涂装得像，才会让别人信以为真，这时你再想办法对付他，就等于在对付傻瓜，自然不费吹灰之力。司马懿在三国历史上是出类拔萃的人物，街亭一战，诸葛亮玩了个"空城计"的小花招，他中计上当，退兵三十里；可到了五丈原，他采取以守为攻的办法，不理睬诸葛亮的激将之法，硬是活活耗死了诸葛亮。曹操当政时就对他另眼看待。及至曹操之子曹丕当了皇上，更是将他倚为朝廷柱石，曹丕死时，嘱他辅佐新君曹睿；曹睿死时，又嘱他辅佐下一代新君——年仅八岁的曹芳。

司马懿真可谓魏王朝的三朝元老了。同时受命辅佐曹芳的还有大将军曹爽。二人实际共同掌握了曹魏的军政大权。他俩各领精兵三千余人，轮番在殿中值班。曹爽虽为宗室皇族，但资历、声望、经验、才干均远不如司马懿，所以曹爽开始还不得不倚重司马懿，对他以长辈相待，引身卑下，每事必问，不敢独断专行，两人关系还算和睦。

当时，曹爽门下有清客五百人，其中毕轨、何晏、邓扬、丁谧等常在曹爽周围，为他出谋划策。他们不断向曹爽进言，认为司马懿对皇室是潜在的威胁，不可对他推诚信任。

曹爽遂于景初三年（公元 239 年）二月，使魏帝下诏，说司马懿德高望重，理应位至极品，因而从太尉升为太傅。这一明升暗降的办法，使司马懿的兵权被剥夺。以后尚书奏事，均先经过曹爽，大权遂为其所独揽。紧接着，曹爽又将其三个弟弟和自己的心腹都安排在比较重要的岗位，执掌实权，朝中要职全为曹爽之党控制，一时曹爽权倾朝野，满门称贺。

对于曹爽及其党羽的夺权之举，司马懿早已看破其用心，但司马懿并未一怒而起。他洞察形势，认为自己目前处于不利地位，曹爽身为宗室，是功臣曹真之后，而自己却为外姓，是曹氏政权猜忌防范的对象，不可马上采取过激的对抗行动。

于是，面对曹爽咄咄逼人的进攻声势，司马懿以退为守，把政权拱手让给曹爽，并以年老病弱为由，不问政事。这使得曹爽的政治警惕逐渐放松，自以为大权在握，可以放心地寻欢作乐、纵情声色，名声也就一落千丈了。

后来曹爽对司马懿的病感到有些怀疑，恐怕其中有诈，正巧此时曹爽的亲信李胜将出任荆州刺史，曹爽命他向司马懿辞别，乘机伺察司马懿生病的真相。

司马懿知道曹爽派李胜辞行的用意，故意表现了一副衰病之容。他躺在病床上，两个婢女在他身边服侍，他想拿过衣服来穿，但却由于手抖而使衣服滑落在地上。他指口言渴，婢女端进粥来，他只能勉强将嘴凑到碗边，让婢女一勺勺地喂他，稀粥顺着他的嘴角流出来，弄得胸前衣襟湿漉漉的，十分狼狈。

李胜对司马懿说："这次蒙皇上恩典，派我担任荆州刺史，特来向太傅告辞。"司马懿假装眼昏耳聋，故意将"荆州"听成"并州"，他说："那就委屈你了，并州在北方，接近胡人，你要好好防备啊。我病重得快要不行了，恐怕今后见不到你了，我把我的儿子司马师和司马昭托付给你，希望在我死后能得到你的照顾。"

李胜又大声解释说："我是到荆州赴任，而不是去并州。"司马懿又故意错解其意说："哦，你是刚从并州来?"

李胜只得拉大嗓门，这一次司马懿才算听清楚了，他叹息着说："唉，我实在是年纪老了，耳朵聋，听不清你的话。你调任家乡荆州刺史，真是太好了，应该好好建功立业。"

李胜回到曹爽那儿，将亲眼所见向曹爽详细报告，认为"司马公已神志不清，只剩下一具躯壳，不足为虑了"。这时，假象已经完全蒙蔽了曹爽，他自认为可以高枕无忧了。

嘉平元年（公元249年）正月，魏帝按惯例将率宗室及朝中文武大臣，到城外祭扫魏明帝的陵墓。丧失警惕的曹爽兄弟及其亲信都前呼后拥地跟着小皇帝曹芳去了。久已装病卧床不起的司马懿认为时机已到，将经长期周密策划、精心准备的力量积聚起来，发动了政变。他和儿子司马师、司马昭，率部众以迅雷不及掩耳之势，占领了城门、兵库等战略要地和重要场所，并上奏永宁太后，废免曹爽大将军的职务，剥夺了他的兵权。又亲率太尉蒋济等勒兵屯于洛水浮桥，派人给魏帝呈上司马懿要求罢免曹爽的表章。曹爽及其亲信党羽慌了手脚，未能组织有效的反抗，又轻信了司马懿的劝降之言，认为虽然免官，但仍不失为一富家翁。最后乖乖地交出了兵权，束手就擒。等回到京师，司马懿即以谋反罪名，将曹爽一伙投入监狱，不久全部处死。

二月，魏帝进封司马懿为丞相。十二月又加九锡之礼，享受朝会不拜的殊礼。自此司马懿威震朝野，掌握了曹氏政权的军政实权，史称"高平陵之变"。善于蒙蔽对方，让对方糊涂，然后乘其不备迅速发动反击，往往能取得胜利的先机。司马懿无疑是其中的高手。政变是封建时期统治阶级内部政治斗争的最高表现形式，具有极大的危险性。司马懿取得政变成功的关键就在于蒙蔽了对方，使对手放松了警惕，从而获得反击的机会。

可见，与人较量需要的是头脑而不是武力。而如果能采取方法，让对方麻痹，完全对你放松警惕，那样最容易取得成功。

言谈常需"和稀泥"

何谓"和稀泥"？就是遇到难题，包括进谏、争执及纠纷等，不在是非对错上纠结，而是不断调和、折中，"抹平"才算和谐，"搞定"才算稳定。

虽然说"和稀泥"多少有些贬义，但综观当今那些为人处世的高手，几乎都懂得"和稀泥"的艺术。他们尽量不去招惹强势者，或者在强势者之间周旋，察言观色，谨言慎行。这种看似有些狡猾的生存方式，其实是聪明人办事成以至关重要的基本功。汉元帝登基之后，任用了贤者王吉和贡禹。当时朝廷内的最大问题是外戚和宦官专政，但是当汉元帝问起贡禹对国家大事有什么意见时，贡禹却对皇帝说，请他注意节俭，因为勤俭才能治国。汉元帝天性就吝啬，一听贡禹这么说，正合他意，而又能显现他的功德，立刻将很多节俭措施付诸行动。

不料，贡禹这一提议非但没有得到后世政治家司马光的赞扬，反而遭到了他的严肃批评。司马光在《资治通鉴》中说："忠臣侍候君主，要拣皇帝最严重的错误、最难改正的毛病，第一时间提出来，督促他改正，其他小毛病捎带着就改正了。汉元帝刚登基，有心向上，恰如一张白纸，他虚心向贡禹请教，贡禹就应该抓住机遇，先指出最急的问题，后说那些不着边的事。汉元帝的最大问题是什么呢？'优游不断，谗佞用权'。可贡禹只字不提，而是喋喋不休地讲勤俭。汉元帝天性爱节约，贡禹却说个没完没了，是何居心？如果贡禹不知道国家的问题，怎么能被称为贤良？如果他看出来又不肯说，反而顾左右言他，罪可就大了！"

皇帝刚刚登基，虚心纳谏，大部分都是装装样子，表面功夫，贡禹懂得察言观色，使他深得皇帝之心，如此才能保证他的将来。但司马光却对此不以为然，认为为人臣子，就要努力帮助皇帝整顿朝廷。他本人也是这么做的，面对朝廷内部的新旧党问题、治国问题，他不断地在皇帝面前表现自己的强势，丝毫不理会君王的心情。

结局怎样呢？"伴君如伴虎"，天威难测。当时的皇帝可能无法动摇司马光的权臣地位，但是司马光最后也是急流勇退，郁郁而终。如果我们在工作中，尤其是面临职场生存的时候，上司是一个能够纳谏的人，可以委婉地说出自己的建议，并不时地察言观色，适时递上一些恭维话，把内心硬邦邦的建议用"和稀泥"的方式进行表达，这才是现代人的进谏方法。

其实，不仅仅是在职场，在任何存在人际交流的社交环境中，"和稀泥"都是一门有必要掌握的艺术。

把糊涂装得"有意思"

现实生活告诉我们，做事过于精明，只顾眼前利益，往往会因小失大，得不偿失；糊涂一下，也许会有另外一番景象。下面的这个事例就说明了这一点。在某小区门口的菜市场有两个豆腐摊，一个摊主是中年妇女，很精明的样子，斤斤计较，不肯吃一点亏，少一分钱也不卖；隔着不远，另一个是个20多岁的小伙子，一副憨厚、朴实的样子，他的豆腐不论斤，1元钱一块，用刀拉一块就得，而且保证比那位女摊主的1元2角一斤的豆腐分量还要足得多，既利索，又实在。更重要的是，这个小伙子憨厚得非常自然，时常说些"赚够吃饭的就得"等一类让人们觉得有道理又轻松的话。

于是，人们都喜欢买小伙子的豆腐，一天能卖好多屉，而那位精明的女摊主一天最多卖一屉，有时还得剩下……商务谈判有一句经典台词：会买卖的称赞对方，不会买卖的挑剔对方。

小伙子憨厚朴实，吃小亏而赢大利，正是摸准了顾客不在乎那一两角钱，需要的是卖主的信任和亲切感的心理，从而赢得了更多的回头客，其总体收益可想而知；而那位精明的女摊主，只顾眼前利益，不懂顾客心理，舍不得、也不会以情感人，如果她不改变方式方法的话，就可能很快从这个市场消失。

人活在世上，谁不愿意活得自然、自由、自在呢？谁不愿意过得潇洒、愉快、轻松呢？谁不愿意事业蓬勃、财运亨通呢？谁不愿意成为别人羡慕的人呢？这就需要我们学会培养自己的"糊涂"意识，把糊涂装得有意思。

真正有意思的糊涂，不仅是一种心态，也是一种做人的智慧。既然世上许多事，分清对错不容易，或者说根本就没有搞清楚的必要，那么还是难得糊涂比较明智。这也成了当今人们为人处世的准则和行动指南。

那么，具体如何培养自己的糊涂意识，把糊涂装得有意思呢？下面两个方面要牢记：

1. 无关大局时，尽量不要插手。一个单位，少则十来人、几十人，多则几百人、上千人、甚至几万人，不可避免地要发生许多不顺心的事情。对这些问题，单位领导如果都认真去处理，是怎么也处理不完的。而且，有些问题，处理后又出现新的问题。本来，有些问题无关大局，不去处理，有的自然就消失了，有的由于社会舆论的压力而被制止了。若不插手，就可以减少许多烦恼，且又不影响工作，何乐而不为呢？所以，时刻提醒自己，无关大局的问题，尽量不要插手，而要装糊涂，不把精力放在那些无谓的芝麻小事上。

2. 人际关系中的是非不要弄得太清楚。某些人人缘不好，主要是因为他们处理一些小是小非的问题时有错或者不够全面。干脆不去处理，就不会存在这类问题了。所以，与人打交道的时候，能带过的就带过，这样别人会觉得你是一个能理解和容忍别人缺点、错误的人，你就会受到他人的尊重。当然，非追究不可的问题，应当认真追究，以挽回或者减少损失。

糊涂反而难得，似乎不可理解。客观而言，要常保持糊涂意识，把糊涂装得有意思，也不容易！不仅要有一定的修养，还要有一定的雅量和记性。

糊涂要装得不露痕迹

装糊涂是一门高超的处世艺术，它需要超然的表演才能。拿出来表演的，是为了掩人耳目，真功夫、真目的却不大白于天下。装糊涂，说到底宗旨只有一个，那就是掩藏真实意图；要求也只有一个，即逼真，使旁观者深信不疑。

日本某公司与美国某公司进行一次重大的技术协作谈判。谈判伊始，美方首席代表便拿着各种技术数据、谈判项目、开销费用等一大堆材料，滔滔不绝地发表本公司的意见，完全没有顾及到日本公司代表的反应。实际上，日本公司代表一言不发，只是在仔细地听、认真地记。

美方讲了几个小时之后，终于想起要征询一下日本公司代表的意见。不料，日本公司的代表似乎已被美方咄咄逼人的气势所慑服，显得迷迷糊糊、混沌无知，所以只会反反复复地说"我们不明白"，"我们没做好准备"，"我们事先未搞技术数据"，"请给我们一些时间回去准备一下"。第一轮谈判就在这不明不白中结束了。

几个月以后，第二轮谈判开始。日本公司似乎认为上次的谈判团不称职，所以全部予以更换。新的谈判团来到美国，美方只得重述第一轮谈判的内容。不料结果竟与第一轮谈判一模一样，由于日方对谈判项目"准备不足"，日本公司又以再研究为名，毫无成效地结束了谈判。

经过两轮谈判后，日本公司又如法炮制了第三轮谈判。在第三轮谈判不明不白地结束时，美国公司的老板不禁大为恼火，认为日本人在这个项目上没有诚意，轻视本公司的技术和基础，于是下了最后通牒：如果半年后日本公司依然如此，两公司间的协定将被迫取消。随后，美国公司解散了谈判团，封闭了所有资料，坐等半年以后的最终谈判。

万万没有料到的是，仅仅过了8天，日本公司即派出由前几批谈判团的首要人物组成的谈判团队飞抵了美国。美国公司在惊愕之中只好仓促上阵，匆忙将原来的谈判成员从各地找回来，再一次坐到谈判桌前。

这次谈判，日本人一反常态，他们带来了大量可靠的资料、数据，对技术、合作分配、人员、物品等一切有关事项甚至所有细节都做了相当精细的策划，并将精美的协议书拟定稿交给美方代表签字。

美国人立马傻了眼，但一时又找不出任何漏洞，所以最后只得勉强签字。不用说，由日本人拟定的协议肯定对日方公司极为有利。

在美日的谈判较量中，日本人巧装糊涂，以韬光养晦的谋略获得了最终的胜利。其实作为一种谋略，"糊涂"不仅能在商场上取得出奇制胜的效果，也能在关键时刻让人逢凶化吉、转危为安。

陈平在当初投奔汉王刘邦的时候，曾发生过这样一宗险事。

那是春夏之交的时节。一天中午，天空阴沉沉的，碧绿的田野一片静寂。这时，从楚王项羽的军营里走出一个人，他身穿将军服，佩一把宝剑，一路十分警觉地顺着田间小路向黄河岸边赶去。这个人就是陈平，他想偷渡黄河去投奔汉王刘邦。

陈平赶到河边，上了一艘渡船。船上共有四五个人，都是虎背熊腰，一脸凶相。陈平心知不妙，但担心误了时间，楚兵会很快追赶上来，只好见机行事。

船只慢慢离了岸，陈平总算松了口气。但他敏锐地观察到，船上这几个人窃窃私语，相互递着眼色，流露出不怀好意的神情。

"看来是个大官，偷跑出来的。"

"估计他怀里一定有不少珍宝和钱，嘿嘿。"

坐在舱内的陈平听到船尾两个人这样低声议论，并发出阴险的笑声时，不禁有些紧张。他心想："他们要谋财害命！我身上虽然没有什么财物和珍宝，只是孤身一人，只有一把剑，肯定敌不过他们。如何安全地摆脱危险的困境呢？"

这时船已到了河中央，速度明显地减缓了。

"他们要下手了，怎么办？"望望阴霾的天空，陈平从船内站了起来，走出船舱。他说了句："舱内好闷热啊！热得我都快要出汗了。"

陈平边说边佯作若无其事地摘下宝剑，脱掉大衣，倚放在船舷上，并伸手帮他们摇船。这一举动出乎他们的预料，使他们一时不知道该怎么办才好了。陈平很用力地摇船，过了一会儿他又说："天闷热，看来要来一场大雨了。"说着，又脱下一件上衣，放在那件外衣之上。过了一会儿，他又脱下一件。最后，他索性脱光了上衣，赤着身子帮他们摇起船来。船上那几个人看见陈平没有什么财物可图，也就打消了谋害他的念头，很快把船划到对岸了。

在这样的情况下，陈平不论是向船家极力辩解，还是凭一时血气之勇拔剑与船家展开搏斗，恐怕都难以逃脱被船家杀害的悲惨结局。但他却能够假装糊涂，以机智善变为自己化解了杀身之祸。

装糊涂，除了演技之外，还需要自信。相信自己会成功，相信自己确实能愚人耳目、以假乱真，相信自己演技出神入化、炉火纯青，这样，演起戏来才能面不改色心不跳，沉着冷静，应付自如。

装糊涂要能够灵活变通

装糊涂没有固定的模式，而是应根据具体的情况灵活变通，使自己的行为能够合乎时宜，不至于弄巧成拙、适得其反。这个道理就跟江中行船一样，逆水行舟不如顺风扬帆，又轻便又快捷。

明朝张崃任滑县县令时，有两名江洋大盗任敬、高章冒充锦衣卫的使者拜见他。于是，他们三人一同进入内室。任敬摸着鬓角胡须笑着说："张公不认识我吧！我是灞上来的朋友，要向张公借用公库里面的金子。"于是两人取出匕首，架在张公的脖子上。

张公强抑心头的慌乱，装出替他们着想的样子说："你们不是为了报仇，我也不会因为财物牺牲性命。你们这样暴露自己的真实身份，如果被别人发现，对你们可相当不利！"

两个强盗觉得有道理。

张公又进一步说："公库的金子有人看管，容易被发觉，对你们不利。有一个办法，我向县里的有钱人借贷，这样你们既可以安然无事，也不至于连累了我的官职，岂不两全其美。"

两个强盗听了更加赞同张公的办法。就这样，张公不露声色地稳住了强盗，并取得了他们的信任与合作。

于是张公就叫高章传令，要属下刘相前来。

刘相是张公的心腹，两人向来十分默契。

刘相到后，张公依计行事，说："我不幸发生意外，如果被抓去，就会很快被处死。现在锦衣卫的两位先生很有手腕，愿意放我一马。我非常感激他们，想拿出五千两黄金当他们的寿礼，以表示我的心意。"

刘相听了目瞪口呆，说："五千两实在不是小数目，到哪里去弄这么多钱？"

张公用手轻轻敲了桌子一下说："我知道县里有的人很有钱，而且急公好义，我请你替我去向他们借。"

说完，张公煞有介事地拿出笔来，写某人最有钱，可以借多少；某人中等，可以借多少。最后一共写了九个人，正好数量符合。他所写的这九个人，实际上都是大力士。

刘相看了以后恍然大悟，便出了屋子。当时天寒地冻，张公借口说暖暖身子，拿出酒菜与他们应酬。他自己先吃先喝，好让两位强盗放心。两位强盗果然吃喝起来。酒刚喝完，名单上列出的九个人便一个个穿着锦衣，手里捧着用纸包着的铁器先后来到门口了。他们假装说："张公要借的金子拿来了，但是因为时间太紧迫，没有办法凑足所要的数目，实在过意不去。"一边说，他们还一边装出哀求的样子。

两位强盗听说金子到了，又看到这些人果然都像有钱的样子，就很高兴地说："张公真的没骗我们。"

而张公则装着要给他们金子的样子，叫人拿来秤和小桌子。这时任敬坐在客位，张公坐在主位，中间隔着长桌子，如此一来，张公和任敬隔着一些距离。可是高章却一直拥着张公的背，彼此贴得很近。

张公必须稍微离开高章，但又不能让他疑心。于是他站起来拿起秤的砝码对高章说："你的长官正和我饮酒行主客之礼，哪有空看砝码。所以看砝码轻重，就只好偏劳你了。"

高章于是稍微靠近桌子，去看砝码。

此时九个人则捧着包裹的铁器一起拥向前去，故意做出打开包裹取出金子的样子。张公趁此脱身，离开高章几步就大喊九人抓贼。看张公向前堂奔跑，任敬起身扑向张公，却赶不及，于是他举刀自杀。高章也准备自杀，但却被捕快抓住，拷问之后处死了。

明朝都御史韩永熙在江西为官时，江西地面太平无事，百姓都称赞韩永熙的德政比皇上还要高。而韩永熙却不敢居功自傲，反倒做了几件有辱声名的事情，任人议论。

有人问他："你何必败坏自己的名声呢？这对你有什么好处吗？"韩永熙答道："天子是天下第一，谁超过他，还能活吗？"

一次，手下来报说宁王朱宸濠的弟弟来了。韩永熙大吃一惊，朱宸濠手握重兵，朝廷对他的态度一向是压制与拉拢并施。韩永熙知道，宁王的弟弟无故前来，绝非好事。

果然，朱宸濠的弟弟一见到他便屏退左右，单独对韩永熙说道："宁王要谋反，你要小心啊！他的军队离你这里非常近，他若起兵，最先遭殃的是你！"

韩永熙愣愣地听着，一副百思不得其解的模样，用手指着自己的耳朵，大声问："什么？啊？大声点！"

宁王的弟弟又高声重复了一遍。

韩永熙还是皱着眉，大声说："我的耳朵前些日子被雷击中了，听不太清你说的话。"

宁王的弟弟愕然道："怎么会被雷击中呢？"

"你说什么呢？"韩永熙继续问。

"我说你这个老乌龟！"宁王的弟弟不太相信韩永熙是聋子，故意用话激他。

韩永熙摇摇头道："不行，不行，你说的话我一句也听不见。这样吧，"说着，他搬来一张白木小桌，"你把要说的话写在这上面，我看了就知道了。"

宁王的弟弟只好将宁王想谋反的事全写在那白木小桌上面。

韩永熙边看边故意显出惊讶的神情，大喊可恶。可宁王的弟弟写完便走了。

韩永熙立即把宁王欲谋反之事上奏朝廷。可朝廷派人去调查了很久，一点儿证据也没有找到。当时宁王与弟弟关系非常密切，他们推说根本就没有此事，并说韩永熙有意诬陷王爷，当处斩刑。

朝廷立即逮捕了韩永熙，欲定其罪。

韩永熙将白木小桌拿出来作证，这才免于一死。

装糊涂，如若能灵活应变，不但会给各种繁杂的事情涂上润滑油，使得其顺利运转，还能让生活中充满笑声。当然，装糊涂不是真糊涂，这是一种外在的处世态度。我们在装糊涂的同时也应把握好糊涂与认真的界限，以防弄巧成拙。

第二章

吃得亏中亏，方享福中福

第一节

好汉要吃"眼前亏"

塞翁失马焉知非福

在幸福与灾祸之间，我国古人已发现了它们的辩证关系，"塞翁失马，焉知非福"就是最好的例证。古时有一老翁，住在两国的边境，不小心丢了一匹马，邻居们都认为是件坏事，替他惋惜。老翁却说："你们怎么知道这不是件好事呢？"众人听了之后大笑，认为老翁丢马后急疯了。几天以后，老翁丢的马自己跑了回来，而且还带回来一群马。邻居们看了，都十分羡慕，纷纷前来祝贺这件从天而降的大好事。老翁却板着脸说："你们怎么知道这不是件坏事呢？"大伙听了，哈哈大笑，都认为老翁是被好事乐疯了，连好事坏事都分不出来。果然不出所料，过了几天，老翁的儿子骑马玩，一不小心把腿摔断了。众人都劝老翁不要太难过，老翁却笑着说："你们怎么知道这不是件好事呢？"邻居们都糊涂了，不知老翁是什么意思。事过不久，发生战争，所有身体好的年轻人都被拉去当了兵，派到最危险的前线去打仗。而老翁的儿子因为腿摔断了未被征用，他在家乡大后方安全幸福地生活。这就是老子的《道德经》所宣扬的一种辩证思想。基于这种辩证关系，便可以明白，即使是看起来很"吃亏"的事，也能带来意想不到的好处。

生活中总有这样的人，他们做事时一门心思考虑不能便宜了别人，却忽视了于自己是否有利。所以做事要有智慧，不要怕便宜了别人，"便宜"别人又得益自己，何乐而不为呢？

真正聪明的人，总是能从吃亏当中学到智慧。"吃亏是福"是一种哲学思路，其前提有两个，一个是知足，另一个就是安分。知足则会对一切都感到满意，对所得到的一切内心充满感激之情；安分则使人从来不奢望那些根本就不可能得到的或者根本就不存在的东西。没有妄想，也就不会有邪念。所以，表面上看来"吃亏是福"、"知足"、"安分"有不思进取之嫌，但是，这些思想也是在教导人们如何成为有清醒认识的人。

不要因为吃一点亏而斤斤计较，开始时吃点亏，是为以后的不吃亏打基础，不计较眼前的得失是为了将来不必患得患失。只有那些没有智慧的人才总怕便宜了别人，到头来吃亏的反而是自己。

舍不得孩子套不住狼

想必，你一定听过"舍不得孩子套不住狼"这句话，它向我们形象地传达了舍小是为谋大的智慧。小陈最近心情不好。她的团队最近正在参加一个化妆品品牌夏季推广会的比稿，她很努力，而且她对自己这一次的创意很满意。她觉得这次是她在业内崭露头角的机会。所以，她和她的两个搭档连续加了好几个周末的班。就在她通过一次次的比稿，快要把项目揽到手的时候，老板让她把这个项目给另一个同事操作，理由是那个同事与客户的关系更好，把这个项目揽到的把握更大一些。老板让小陈理解，为公司利益有时需要做点个人牺牲。

眼看着自己的劳动成果被同事拿走，自己的美好前景化作了泡影，小陈感到心里堵得慌。从小到大，她的长辈都这么教导她，为人要谦逊，为人要礼让，可她现在真不知道职场到底还要不要谦让。她怀疑，到了 21 世纪，到底谦让还是不是一种美德？人非圣贤，谁都无法抛开七情六欲，但是，要成就大业，就得分清轻重缓急，该舍的就得忍痛割爱，该忍的就得从长计议。刘邦与项羽在称雄争霸、建立功业上，就表现出了不同的态度，最终也得到了不同的结果。苏东坡在评判楚汉之争时就说，项羽之所以会败，就因为他不能忍，不愿意吃亏，白白浪费自己百战百胜的勇猛；汉高祖刘邦之所以能胜，就在于他能忍，懂得吃亏，养精蓄锐，等待时机，直攻项羽弊端，最后夺取胜利。两王平日的为人处世之不同自不待说，楚汉战争中，刘邦的实力远不如项羽。当项羽听说刘邦已先入关，怒火冲天，决心要将刘邦的兵力消灭。当时项羽四十万兵马驻扎在鸿门，刘邦十万兵马驻扎在灞上，双方只隔四十里，兵力悬殊，刘邦危在旦夕。在这种情况下，刘邦先是请张良陪同去见项羽的叔叔项伯，再三表白自己没有反对项羽的意思，并与之结成儿女亲家，请项伯在项羽面前说句好话。然后，第二天一清早，又带着随从，拿着礼物到鸿门去拜见项羽，低声下气地赔礼道歉，化解了项羽的怨气，缓和了他们之间的关系。表面上看，刘邦忍气吞声，项羽挣足了面子，实际上刘邦以小忍换来自己和军队的安全，赢得了发展和壮大力量的时间。

在今天的现实生活中，我们不一定会遇到这样的敌我关系，但无论在怎样的条件下，懂得"吃亏"是一种隐性投资。

不怕吃亏才是真正的聪明者

一个犹太人走进纽约的一家银行，来到贷款部，大模大样地坐了下来。

"请问先生，我可以为你做点什么?"贷款部经理一边问，一边打量着这个西装革履、满身名牌的来者。

"我想借些钱。"

"好啊，你要借多少?"

"1美元。"

"只需要1美元?"

"不错，只借1美元，不可以吗?"

"噢，当然，不过只要你有足够的保险，再多点也无妨。"经理耸了耸肩，漫不经心地说。

"好吧，这些做担保可以吗?"

犹太人接着从豪华的皮包里取出一堆股票、国债等，放在经理的写字台上。

"总共 50 万美元，够了吧？"

"当然，当然！不过，你真的只要借 1 美元吗？"经理疑惑地看着眼前的怪人。

"是的。"说着，犹太人接过了 1 美元。

"年息为 6％，只要你付出 6％的利息，1 年后归还，我们就可以把这些股票退还给你。"

"谢谢。"犹太人说完准备离开银行。

一直站在旁边观看的分行长，怎么也弄不明白，拥有 50 万美元的人，怎么会来银行借 1 美元，于是他急忙追上前去，对犹太人说："啊，这位先生……"

"有什么事吗？"

"我实在弄不清楚，你拥有 50 万美元，为什么只借 1 美元呢？要是你想借 30 万或 40 万美元的话，我们也会很乐意……"

"请不必为我操心。在我来贵行之前，已问过了几家金库，他们保险箱的租金都很昂贵。所以嘛，我就准备在贵行寄存这些东西，一年只需要花 6 美分，租金简直太便宜了。"看到这里，我们不得不感叹这个犹太人的精明，他虽然吃小亏，却占了"大便宜"。事实往往就是这样，那种不怕吃亏的人，其实才是真正聪明的人。

不怕吃亏是做人的一种境界，也是处事的一种睿智。人生一世，真正有智慧的人，不在乎"装傻充愚"的表面性吃亏，而是看重实质性的"福利"。正如古语所言：吃得亏中亏，方得福外福。贪看无边月，失落手中珠。

个性灵活

现代社会是一个激烈竞争的社会，竞争各方为了跻身竞争前列，无不使出浑身解数，不断推出新思想、新办法、新技术、新产品。激烈的角逐和竞争使社会变化迅速异常。现代社会变化的速度，是历史上任何一个时代都无法比拟的。生活在这样一个变化多端的社会，需要人们具有灵活、敏捷的应变能力，审时度势，纵观全局，于千头万绪之中找出关键所在，权衡利弊，及时做出可行、有效的决断。从某种意义上可以这样说，在现代社会中，这种素质已经成为一种新的生存能力。谁能最及时地正确洞察社会变化，并能最迅速地做出反应，谁就将走在前头。而头脑封闭、反应迟钝、因循守旧、故步自封的人，会一再地坐失良机。不能深察明辨、盲目轻率地追随潮流的人，也会"差之毫厘，谬以千里"，造成决策的失误。这就要求我们学会变通为人，做到方圆通融。

20世纪80年代中期，有一部题为《让这个世界停下来吧——我要离它而去》的音乐喜剧片轰动了伦敦和纽约，反映了一部分西方社会的人对节奏加快的生活的反感。托夫勒说，他们是"情愿和这个世界脱离，也要按自己惯有的速度闲混下去"。在变化面前无法入门的人，自己也难以享受新生活带来的乐趣。老年人害怕变化，希望按照自己熟悉的生活方式安度晚年，这没有什么奇怪。害怕变化，这是心理衰老的一种标志。但是，青年人却应当欢迎变化，不应当对变化采取漠视甚至固执的态度，因为那将有使自己的心理发生衰老的危险。

个性的灵活主要表现在为人处世的适应与变通上。大致可以归为三个不苛求。

1. 不苛求环境

现代社会的发展为社会成员的自由流动提供了日益充分的物质条件，人们对环境的选择要求日益强烈。然而，即使是高度现代化的社会，人对环境的选择却总是有一定限度的。在我们这个正在从事现代化建设的国家，由于历史的原因，更由于生产力水平的限制，在一个不短的时期内，环境与人的交互作用的主导面，恐怕还是通过人对环境的适应来改变环境，而不是通过新的选择来调换环境。

善于适应环境表现了人的个性灵活，它具有多方面好处：

（1）能协调自己与环境的关系；

（2）能优化自己的心境与情绪；

（3）能调动自己内在的积极性；

（4）能为进一步发展准备条件。

所以，适应有积极与消极、主动与被动之分。我们提倡积极、主动地适应环境，而不是消极、被动地顺应环境。因此，适应环境与改造环境又是一个事物不可分割的两个方面。

2. 不苛求他人

与适应环境同步存在的问题是人也不应苛求他人。就是要承认别人能同自己一样选择、保护、发展他们的个性、习惯、兴趣和观念等。这是不苛求他人的第一个要求，也是灵活性格的重要表现。

现代心理学认为男性的女性性格化、女性的男性性格化，具有适应环境、适应他人的更大灵活性，因而在现代社会中也就能获得更大的生活自由度。

在人际交往中，和谐融洽是人人希望的，但是矛盾、隔阂常要光顾我们的生活，于是，对不苛求他人的灵活性格，又提出了宽容待人的要求。尊重别人的个性、习惯等，是一种宽容；当别人对自己表现出进攻的姿态时，能做到合理的谅解、忍让，则是更大的宽容。当然，宽容并不是不讲原则，更不是寄人篱下，而是以退为进，能宽容别人，在人际交往中保持性格的灵活性，是有益的交往态度。

3. 不苛求自己

不苛求自己，首先要做到情感上的超脱。生活中有快乐、幸福，也有痛苦和不幸，生活是痛并快乐着的。当面对挫折和失败的时候，不要被低落的自责情绪左右，要理性地去分析使自己陷入困境的各种原因并积极寻找走出困境的方法，相信失败是成就事业必不可少的磨炼，乐观圆融地去看待人生的苦与痛，这样才能超脱一味的情感折磨，理性地去筹划你的生活，克服挫折，迈向人生的新境界。

其次，不苛求自己还要做到在不同的环境之中善于调整自己的人生目标，给自己一个适合的人生定位，不做自己难以企及的事，脚踏实地，从客观情况出发，制定人生奋斗目标。切记，只有适合自己的目标才能激发你去不断奋斗。

在现代社会，如果单单向前人讨教怎样生活、怎样做人已经远远不够了，更需要自己在社会生活中去探索、去体会、去总结。对于生活和做人的道理，前人确实探索过、研究过，留下了极其丰富的著述，充满了哲理和心得。但是倘若以为凭了前人的经验之谈，就可以顺顺当当地走完自己的人生之路，那就可能要大吃苦头。在多变的社会里，真正的危险不在于生活经验的缺乏，而在于认识不到做人要保持灵活的个性，去积极适应环境，变通为人，这样才能在生活节奏日益加快的现代生活中与生活共舞，越舞越精彩。

机智的能量

有人曾经说过："每一条鱼都有它的钓饵。"正如任何鱼都有它的钓饵一样，只要我们具备足够的机智，就可以在任何人身上找到突破的地方，从而接近他们，不管他们是如何地怪癖乖戾，如何地难以靠近。所以，圆融变通是人离不开发挥机智的力量。

谁能够精确地估算出由于缺乏机智而导致的损失呢？——那些人生旅途上的跌跌撞撞、磕磕碰碰，那些生活中的弯路和陷阱，那些跌倒后的辛酸、苦涩与困惑，那些由于人们不知道怎样在合适的时间做合适的事情而导致的致命错误！你经常可以看到蓬勃横溢的才华被无谓地浪费，或者是得不到有效地利用，因为这些才华的拥有者缺乏这种被我们称之为"机智"的微妙品质。

他们仅仅因为不能主动寻找制胜的契机而备受挫折，遭受友谊、客户和金钱方面的巨大损失，他们所付出的代价是极其惨重的。由于缺乏机智，商人因此流失了自己的顾客；律师因此而失去了富有的客户；医生则因此病人骤减、门庭冷落；牧师则丧失了他在讲道坛上的说服力和在公众心目中的崇高形象；教师在学生中的地位为此一落千丈；政治家也为此失去民众的支持和信任。

机智在商业活动中是一笔巨大的财富，对一个商人来说那就更是如此。在现代的大都市里，有无数的诱惑在吸引着顾客的注意力，因而机智所起的作用就更为重要。

一位著名的商界人士把机智列为促使其成功的首要因素，另外的三大因素是：远大的抱负、专门的商业知识和得体的穿着打扮。

如果一个人想要在自己的业务活动或职业中获得成功的话，那他就必须拥有这种能赢得同事信任并帮助他结交可靠朋友的才能。一个真诚的友人会利用一切机会赞扬我们所写的书，会不遗余力地向他人仔细描述我们在最近一次开庭中的精彩辩护，或者是我们在治疗某个病人时的神妙医术；他们会在我们的名誉受到恶意的诽谤时挺身而出、仗义执言，并反驳和痛斥那些卑劣的小人。然而，如果缺乏机智，我们是不可能交到这样肝胆相照、莫逆于心的知己好友的。

某位先生尽管极具才干，并过着刻苦努力的生活，然而，由于个性中缺乏机智这种卓越的品质，他的努力几乎完全付诸东流。他好像永远都无法与他人和平共处。尽管除了机智之外，他似乎具备成为一个杰出人物、成为一个领导者的全部品质，然而正是这一不足构成了他的致命缺陷，使得他的生活波折重重、坎坷颇多。他总是做那些不该做的事，说那些不该说的话，并在无意之中伤害他人的感情，所有的这一切都抵消了他的刻苦努力所取得的结果，使得其他的努力变得毫无意义，因为在他的头脑里压根就没有"机智"这样一个概念。他一直都在不断地得罪和冒犯他人。

关于这个问题，还有下面的论述：

"一个机智灵活的人不仅能够最大限度地利用他所知道的一切事物，而且能够巧妙地利用许多他所不了解的事物，通过熟练圆滑的技巧，他可以机敏地掩饰自己的无知，并比一个企图展示自己博学的老学究更能赢得人们的尊敬。"

在历史上，借助于机智成就大事者不胜枚举。以林肯为例，机智使他得以从内战期间无数不利的困境中解脱出来。

"在运用机智和谋略的过程中，幽默始终在发生着作用，幽默还会滋养我们的心灵。很多时候，我们在想到那些灵巧高明的技法时，情不自禁地想笑，这些技法在日后总是被证明为恰当的。在机智地运用谋略时，并不需要任何欺骗，我们所需做的就是展示一种正确的诱导，从而最有效地吸引和说服那些尚在徘徊观望的人。应该说，这种在恰当的时间内把应当完成的事情处理好的技巧是一种艺术。"

或许你接受过高等教育，或许你在自己的专业领域受到过最尖端的训练，或许你在自己所从事的行业是一个真正的天才，然而，你仍然可能在这个世界上郁郁不得志或是难展宏图。但是，一旦你能够在原有才干的基础上增加机智这种品质，并与才干结合起来，你将惊奇地发现前途是多么的坦荡光明，而你在发展自己的事业时又是多么的得心应手。

所以无论在生活中还是在事业拼搏的过程中，请不要忽视机智的力量，只有发挥了你的机智，你才能少走弯路，轻松处世为人，并获得人生的成功。

以退为进

从处理事物的步骤来看，退却是进攻的第一步。现实中常会见到这样的事，双方争斗，各不相让。最后小事变为大事，大事转为祸事，这样往往导致问题不能解决，反而落得个两败俱伤的结果。其实，如果采取较为温和的处理方法，先退一步，使自己处于比较有利有理的地位，待时机成熟，便可以退为进，成功达到自己的目的了。

何为退呢？即当形势对己不利时，如果全力攻击，也可能不奏效时，就应采取退却的方法。军事家指出学会退却的统帅是最优秀的统帅，战而不利，不如早退，退是为了更好的胜利。

李渊任太原留守时，突厥兵时常来犯，突厥兵能征善战，李渊与之交战，败多胜少，于是视突厥为不共戴天之敌。

部属都以为李渊这次会与突厥决一死战，可李渊却是另有打算，他早就欲起兵反隋，可太原虽是军事重镇，却不足为号令天下之地，而又不能离了这个根据地。如果离开太原西进，则不免将一个孤城留给突厥。经过这番思考，李渊就派刘文静为使臣，向突厥称臣，书中写道："欲大举义兵，远迎圣上，复与贵国和亲，如文帝时故例。大汗肯发兵相应，助我南行，幸而侵暴百姓，若但俗和亲，坐受金帛，亦惟大汗是命。"

突厥可汗不仅接受了李渊的妥协，还为李渊送去了不少马匹及士兵，增强了李渊的战斗力。而李渊只留下了第三子李元吉固守太原，由于没有受到突厥的侵袭，李渊得以不断从太原得到给养。终于战胜了隋炀帝杨广，建立了大唐王朝。而唐朝兴盛之后，突厥不得不向唐朝乞和称臣。

唐高祖李渊以退为进，为自己雄心大志赢得了时间。如果不能忍那一时，李渊外不能敌突厥之犯，内不能脱失守行宫之责，其境险矣，忍一时而成了大谋。

从军事进攻的谋略来看，退却可避免失败。三国时期曹爽带兵攻战兴势久而不下，而急忙回兵，避免了蜀兵的伏击。

从人生的态度来看，退却有时也是一种进攻的策略。现代社会中，以退为进表现自我也不失为一种良好的方法。

有一位计算机博士，毕业后找工作，结果好多家公司都不录用他，于是他不用学位证明去求职。很快他就被一家公司录用为程序输入员。不久，老板发现他能看出程序中的错误，非一般的程序输入员可比，这时，他亮出了学士证。过了一段时间，老板发现他远比一般的大学生要高明，这时，他亮出了硕士证。再过了一段时间，老板觉得他还是与别人不一样，就对他"质问"，此时他才拿出了博士证。于是老板毫不犹豫地重用了他。

可见，以退为进，由低到高，这是一种稳妥的进攻之术。

石桥正二郎是日本著名的大企业家，在他所写的《随想集》中，记述了这样一件事。二战后，位于京桥的石桥总公司的废墟中，有十多家违章建筑。因此律师顾问提出，若不及早下令禁止的话，后果将不堪设想。但在当时的情景下，如果硬性要求那些违章户立即搬走，必招致他们坚决的拒绝。石桥公司没有出此下策，石桥夫人还来到现场和那些违章户谈话。对他们说："你们的遭遇实在值得同情，那么，你们就暂住在这里，先多赚点钱，等公司要改建大厦时，再搬到别的地方去吧。"她这样专程地去拜访那些违章户，并且赠送慰问品，如此体贴别人的难处，使那些居住在石桥总公司内的人心里十分感动。因此，当石桥大厦真的开工时，这些人不仅不抱怨，而且还心怀感激地迁到别的地方去住了。

以退为进收到的效果有时候能获得极佳的效果。1812年6月，拿破仑亲自率领60万步兵、骑兵和炮兵组成的合成部队，向俄国发动进攻。俄国用于前线作战的部队仅21万，处于明显劣势。俄军元帅库图佐夫根据敌强己弱的局势，采取后发制人的策略，实行战略退却，避免过早地与敌军决战。在俄军东撤的过程中，库图佐夫指挥部队采取坚壁清野、袭击骚扰等种种方法，打击迟滞法军，削弱法军的进攻气势。9月5日，俄军利用博罗季诺地区的有利地形，给予敌军大量杀伤。接着，又将莫斯科的军民撤出，让一座空城给法军。10月中旬，法军在莫斯科受到严寒和饥饿的巨大威胁，不得不撤退。此时，库图佐夫抓住战机，予以反击，将法军打得大败。几十万法军，幸存者只有3万人。

有时候表面的退让只是一种应世的策略，为了追求更高的目标做出一些退让是作为善于变通之人的成熟表现。

第二节

割一块肉，得一头牛

懂得与人分享，让自己也幸福

俗语说："赠花予人，手上留香!"学会付出是美好人性的体现，同时也是一种处世智慧和快乐之道。幸福犹如香水，你不可能洒向别人时自己却一滴不沾。学会分享、给予和付出，你会感受到舍己为人，不求任何回报的快乐和满足。

在生活中，超越狭隘、帮助他人、撒播美丽、善意地看待这个世界……快乐、幸福和丰收会时时与我们相伴。正如罗曼·罗兰所言："快乐和幸福不能靠外来的物质和虚荣，而要靠自己内心的高贵和正直。"贝尔太太是美国一位有钱的贵妇，她在亚特兰大城外修了一座花园。花园又大又美，吸引了许多游客，他们毫无顾忌地跑到贝尔太太的花园里游玩。

年轻人在绿草如茵的草坪上跳起了欢快的舞蹈；小孩子扎进花丛中捕捉蝴蝶；老人蹲在池塘边垂钓；有人甚至在花园当中支起了帐篷，打算在此度过他们浪漫的盛夏之夜。贝尔太太站在窗前，看着这群快乐得忘乎所以的人们，看着他们在属于她的园子里尽情地唱歌、跳舞、欢笑。她越看越生气，就叫仆人在园门外挂了一块牌子，上面写着：私人花园，未经允许，请勿入内。可是这一点也不管用，那些人还是成群结队地走进花园游玩。贝尔太太只好让她的仆人前去阻拦，结果发生了争执，有人竟拆走了花园的篱笆墙。

后来贝尔太太想出了一个绝妙的主意，她让仆人把园门外的那块牌子取下来，换上了一块新牌子，上面写着：欢迎你们来此游玩，为了安全起见，本园的主人特别提醒大家，花园的草丛中有一种毒蛇。如果哪位不慎被蛇咬伤，请在半小时内采取紧急救治措施，否则性命难保。最后告诉大家，离此地最近的一家医院在威尔镇，驱车大约50分钟即到。

这真是一个绝妙的主意，那些贪玩的游客看了这块牌子后，对这座美丽的花园望而却步了。

可是几年后，有人再往贝尔太太的花园去，却发现那里因为园子太大，走动的人太少而真的杂草丛生，毒蛇横行，几乎荒芜了。孤独、寂寞的贝尔太太守着她的大花园，她非常怀念那些曾经来她的园子里玩的快乐的游客。篱笆墙是农家用来把房子四周的空地围起来的类似栅栏的东西，有的上面还有荆棘，不小心碰上会扎入皮肤。篱笆墙的存在是向别人表示这是属于自己的"领地"，要进入必须征得自己的同意。贝尔太太用一块牌子为自己筑了一道特别的"篱笆墙"，随时防范别人的靠近。这道看不见的篱笆墙就是自我封闭。

不懂得与他人分享的自我封闭者，就像契诃夫笔下的装在套子中的人一样，把自己严严实实包裹起来，因此很容易陷入孤独与寂寞之中。他们在封闭自己的同时，也把快乐和幸福封闭在外面。

每个人心中都有一座幸福的大花园。如果我们愿意让别人在此种植幸福，同时也让这份幸福滋润自己，那么我们心灵的花园就永远不会荒芜。

吃小亏赚大便宜，才是真聪明

这个世界上，谁都不愿意做亏本的生意。最先尝到甜头的人未必到最后也饱尝硕果，倒是最先吃亏的人占了最后的大便宜。东汉时期，有一个名叫甄宇的在朝官吏，时任太学博士。他为人忠厚，遇事谦让，人缘极好。有一年临近除夕，皇上赐给群臣每人一只外番进贡的活羊。

具体分配时，负责人为难了：因为这批羊有大有小，肥瘦不均，难以分发。大臣们纷纷献策：

有人主张抓阄分羊，好坏全凭运气。

有人主张把羊只通通杀掉，肥瘦搭配，人均一份。

……

朝堂上像炸开了锅，七嘴八舌争论不休。这时，甄宇说话了："分只羊有这么费劲吗？我看大伙儿随便牵一只羊走算了。"说完，他率先牵了最瘦小的一只羊回家过年。

众大臣纷纷效仿，羊很快被分发完毕，众人皆大欢喜。

此事传到光武帝耳中，甄宇得了"瘦羊博士"美誉，称颂朝野。不久在群臣推举下，他又被朝廷提拔为太学博士院院长。甄宇牵走了小羊，从表面上看他是吃了亏，但是，他得到了群臣的拥戴，皇上的器重。实际上，甄宇是占了大便宜。故意吃亏不是亏，而是有着深谋远虑的精明之举。

然而，在生活中，一些人的目光只会停留在眼前的利益上，无论做什么都不舍得一分一厘，只求自己独吞利益，常常因一时赚得小利，而失去了长远之大利，可谓捡了芝麻，丢了西瓜。

人生中，是看到眼前的比较直接的小利益，还是把眼光放长远一些，发现更大、但可能比较隐蔽的大利益呢？这可是个很大的学问。要学会不做亏本的买卖，更要通过吃小亏赚大便宜，这才是智者的智慧。

栽好树，让兔子撞上来

守株待兔的故事尽人皆知，不过，它所传达给我们的心计智慧，却很少有人知道。那就是，人只有先将树栽好，做足一切准备工作，才能在"兔子"冲过来的时候，让它结结实实地撞到上面，成为自己的猎物。姜太公姓姜名尚，又名吕尚，是辅佐周文王、周武王灭商的功臣。他在没有得到文王重用的时候，隐居在陕西渭水边一个地方。那里是周族领袖姬昌（即周文王）统治的地区，他希望能引起姬昌对自己的注意，从而建立功业。

姜太公常在番溪旁垂钓。一般人钓鱼，都是用弯钩，上面挂有饵食，然后把它沉在水里，诱骗鱼儿上钩。但姜太公的钓钩是直的，上面不挂鱼饵，也不沉到水里，并且离水面三尺高。他一边高高举起钓竿，一边自言自语道："不想活的鱼儿呀，你们愿意的话，就自己上钩吧！"

一天，有个打柴的来到溪边，见姜太公用不放鱼饵的直钩在水面上钓鱼，便对他说："老先生，像你这样钓鱼，一百年也钓不到一条鱼的！"

姜太公举了举钓竿，说："对你说实话吧！我不是为了钓到鱼，而是为了钓到王与侯！"

姜太公奇特的钓鱼方法，终于传到了姬昌那里。姬昌知道后，派一名士兵去叫他来。但姜太公并不理睬这个士兵，只顾自己钓鱼，并自言自语道："钓啊，钓啊，鱼儿不上钩，虾儿来胡闹！"

姬昌听了士兵的禀报后，改派一名官员去请太公来。可是姜太公依然不答理，边钓边说："钓啊，钓啊，大鱼不上钩，小鱼别胡闹！"

姬昌这才意识到，这个钓者必是位贤才，要亲自去请他才对。于是他吃了三天素，洗了澡换了衣服，带着厚礼，前往番溪去聘请姜太公。姜太公见他诚心诚意来聘请自己，便答应为他效力。

后来，姜尚辅佐文王，兴邦立国，还帮助文王的儿子武王姬发，灭掉了商朝，被武王封于齐地，实现了自己建功立业的愿望。像姜太公这样的例子，在国外也屡见不鲜。杜文是个杰出的艺术经纪人，在美国艺术收藏市场赫赫有名。各界人士都愿意登门拜访，但是实业家梅隆却从来不和杜文打交道。杜文下定决心，到死的前一分钟也要让梅隆成为自己的客户。

许多人都认为这只是杜文一相情愿的白日梦，因为梅隆是一个性格内向、沉默寡言的人，更重要的是他对素未谋面的杜文并没有什么好感。

杜文却不气馁："你们就等着看吧，梅隆不仅会买我的东西，而且只会向我买，我要让他成为我一个人的客户。"于是，杜文积极搜集梅隆的信息，花大力气了解他的习性、品位和爱好。他秘密收买了梅隆的几个手下，从他们那里可以得到宝贵的信息。等到时机成熟准备采取行动时，杜文对梅隆的了解程度甚至连梅隆的妻子都无法与之相比。

1921年，梅隆访问伦敦。杜文在他下榻的酒店的电梯门口遇见了梅隆。梅隆要乘电梯去国家画廊的消息是几分钟前由梅隆的随从提供的，杜文抓住机会巧妙地制造了这场邂逅。

"你好吗，梅隆先生？"杜文热情地介绍自己，"我正要上国家画廊欣赏一些画，你呢？"

"我也是。"梅隆说。

杜文已对梅隆的品位了如指掌，在去国家画廊的路上，他渊博的知识让这位大亨惊奇不已，更令梅隆不可思议的是，两人的品位居然也惊人的相似。

回到纽约后，梅隆迫不及待地拜访了杜文神秘的画廊，里面收藏的作品正是他梦寐以求的东西。

正如杜文预言，从此之后，梅隆成了杜文一个人的客户。姜太公也好，杜文也好，都是事先将目标对象了解得一清二楚，做足了准备工作，然后等"鱼儿"自动来上"钩"，等"兔子"自动来"撞树"。也只有这样，才能有的放矢，一举成功。

不过，与人交往中，人们总是很善于把自己的一切隐藏得不露声色，所以就要求我们事先做足准备工作，尽力去摸清对方的想法以及下一步的行动，这样才能在交往的过程中取得主动地位。

舍小利为大谋

美国亨利食品加工工业公司的总经理亨利·霍金士先生，一次突然从化验室的报告单上发现，他们生产食品的配方中，起保鲜作用的添加剂有毒，虽然毒性不大，但长期服用对身体有害。如果不用添加剂，则又会影响食品的保鲜度。

亨利·霍金士考虑了一下，他认为应以诚信对待顾客，毅然把这一有损销量的事情告诉每位顾客，于是他当即向社会宣布，防腐剂有毒，对身体有害。

这一下，霍金士面对了很大的压力，食品销路锐减不说，所有从事食品加工的老板都联合了起来，用一切手段向他反扑，指责他别有用心，打击别人、抬高自己，他们一起抵制亨利公司的产品。亨利公司一下子到了濒临倒闭的边缘。

苦苦挣扎了 4 年之后，亨利·霍金士倾家荡产了，但他的名字却家喻户晓。这时候，政府站出来支持霍金士了。亨利公司的产品又成了人们放心满意的热门货。

亨利公司在很短的时间里便恢复了元气，规模扩大了两倍。亨利·霍金士一举登上了美国食品加工业的"头把交椅"。

生活中变通思考的人，善于从丧失小利益当中学到大智慧。舍小利为大谋也是一种哲学的思路。

人非圣贤，谁都无法抛开七情六欲，但是，要成就大业，就得分清轻重缓急，该舍的就得忍痛割爱，该忍的就得从长计议。

在生活中我们只有经常去舍弃一些小利益，一切从长计议，才能灵活变通地处理人和事，最终达成我们的目标。

让一步，收获更大

你知道吗？你所有的思想及言行，造就了全部的你。为他人提供良好的服务，善意地对待他人，对自己一定会有帮助；斤斤计较，吹毛求疵，处心积虑地伤害别人，自己也得不到内心的宁静。

在狭窄的路上行走，要留一点余地给别人走；羊肠小道两个人互相通过时，如果争先恐后，两人都有坠入深谷的危险，在这种情况下先停住脚步让对方过去，才是有礼貌、最安全。

遇到美味可口的饭菜时，要留出三分让给别人吃，这才是一种美德。路留一步，味留三分，是提倡一种谨慎的利世济人的方式。在生活中，除了原则问题必须坚持外，对小事，个人利益互相谦让就会带来个人的身心愉快。

一天，一户人家来了远方造访的客人，父亲让儿子上街去购买酒菜，准备请客，没想到儿子出门许久都没回来，父亲等得不耐烦了，于是自己就上街去看个究竟。

父亲快到街上的便桥时，发现儿子在桥头和另一个人正面对面地僵持站在那儿，父亲就上前询问："你怎么买了酒菜不马上回家呢？"

儿子回答说："老爸，你来得正好，我从桥这边过去，这个人坚持不让我过去，我现在也不让他过来，所以我们两个人就对上了。看看究竟谁让谁！"

父亲聆听儿子的一席话，就上前声援道："你先把酒菜拿回去给客人享用，这儿让爸爸来跟他对一对，看看究竟谁让谁！"

在社会上，无论说话也好，做事也好，好多人不肯给别人留一点余地，不愿给别人一点空间，到处有这对父子的影子，往往只为了"争一口气"，本来没有什么大不了的小事，非要大费周折，互不让步，结果小事变大事，甚至搞得两败俱伤，何苦呢？

人在世间若是不能忍受一点闲气，不肯给人方便，让人一步，往往使自己到处碰壁，到处遭遇阻碍，不肯给人方便，结果自己到处不方便。

如果一个人平常在语言上让人一句，在事情上留有余地，肯让人一步，也许收获就会更大。

让人，多发生于竞争情境，由于让人行为而使矛盾化解，争斗平息，对手变手足，仇人变兄弟，因此，让人是避免斗争的极好方法，对个体也具有一定的价值。它具体表现在：

1. 得理不让人，让对方走投无路，有可能激起对方"求生"

的意志，而既然是"求生"，就有可能是"不择手段"，这对自己将造成伤害，好比把老鼠关在房间内，不让其逃出，老鼠为了求生，会咬坏你家中的器物。放它一条生路，它"逃命"要紧，便不会对你的利益造成破坏。

2. 对方"无理"，自知理亏，你在"理"字已明之下，放他一条生路，他会心存感激，来日自当图报。就算不会如此，也不太可能再度与你为敌。这就是人性。

3. 得理不让人，伤了对方，有时也连带伤了他的家人，甚至毁了对方，这有失厚道。得理让人，也是一种积蓄。

4. 人海茫茫，却常常"后会有期"。你今天得理不让人，哪知他日你们二人会不会狭路相逢？若届时他势旺你势弱，你就有可能吃亏！"得理让人"，这也是为自己以后留条后路。

人情翻覆似波澜。今天的朋友，也许将成为明天的对手；而今天的对手，也可能成为明天的朋友。世事如崎岖道路，困难重重。因此，走不过去的地方不妨退一步，让对方先过，就是宽阔的道路也要给别人三分便利。这样做，既是为他人着想，又能为自己留条后路，多一个朋友多一条路。

做人要圆融变通，就要学会"让"的艺术，让人一步有时能让你获得意想不到的好效果。

吃小亏，占大便宜

斯未尔诺夫伏特加酒厂的经理休布兰是一位踌躇满志的企业家。他在 20 世纪 60 年代遭到了沃尔夫施密特酿酒厂全力以赴的进攻。这种进攻，以价格来决定胜负。沃尔夫施密特酒每瓶价格比斯未尔诺伏特加酒便宜一美元。很明显，市场霸主在受到挑战后处于相当不利的地位：如果降价，就会损失大量的利润；如果不降价，那么它原有的销售额就会被降价的对手逐渐夺去，结果也是利润下降。

怎么办呢？休布兰对沃尔夫施密特酿酒厂的进攻佯装不知，

反而把斯未尔诺伏特加酒的价格提高了一美元，使它每瓶比沃尔夫施密特酒贵两美元，以"显示"他卖的酒确实是一种"更好的"伏特加，让对手任意降价抛售。然后，休布兰又出了两种新牌子酒：一种伏特加的价格和沃尔夫一样，另一种则比它便宜一美元。

这样，休布兰很快扭转了局势，继续控制了市场，而且销路增加很快，当年出售733万箱。而沃尔夫施密特呢？仅卖出126万箱，仅为前者的1/6。

变通之人善于从"吃亏"中明哲保身。

从前，有位商人狄利斯和他长大成人的儿子一起出海旅行。他们随身带上了满满一箱子珠宝，准备在旅途中卖掉，但是没有向任何人透露这一秘密。一天，狄利斯偶然听到了水手们在交头接耳。原来，他们已经发现了他们的珠宝，并且正在策划着谋害他们父子俩，以掠夺这些珠宝。

狄利斯听了之后大吃一惊，他在自己的小屋内踱来踱去，试图想出个摆脱困境的办法。儿子问他出了什么事情，狄利斯于是把听到的全告诉了他。"同他们拼了！"儿子断然道。

"不，"狄利斯回答说，"他们会制服我们的！""那把珠宝交给他们？""也不行，他们还会杀人灭口的。"过了一会儿，狄利斯怒气冲冲地冲上了甲板，"你这个笨蛋儿子！"他叫喊道，"你从来不听我的忠告！""老头子！"儿子叫喊着回答，"你说不出一句值得我听进去的话！"当父子俩开始互相谩骂的时候，水手们好奇地聚集到周围。狄利斯突然冲向他的小屋，拖出了他的珠宝箱。"忘恩负义的儿子！"狄利斯尖叫道，"我宁肯死于贫困也不会让你继承我的财富！"说完这些话，他打开了珠宝箱，水手们看到这么多的珠宝时都倒吸了口凉气。狄利斯又冲向了栏杆，在别人阻止他之前将他的宝物全都投入了大海。

过了一会儿，狄利斯父子俩都目不转睛地注视着那只空箱子，然后两人躺倒在一起，为他们所干的事而哭泣不止。后来，当他们单独一起待在小屋时，狄利斯说："我们只能这样做，孩子，再也没有其他的办法可以救我们的命！"

"是的,"儿子答道,"您这个法子是最好的了。"

轮船驶进了码头后,狄利斯同他的儿子匆匆忙忙地赶到了城市的地方法官那里。他们指控水手们的海盗行为和犯了"企图谋杀罪",法官逮捕了那些水手。法官问水手们是否看到狄利斯把他的珠宝投入大海,水手们都一致说看到过。法官于是判决他们都有罪。法官问道:"什么人会抛弃掉他一生的积蓄而不顾呢?只有当他面临生命的危险时才会这样去做吧?"水手们只得赔偿狄利斯的珠宝,法官因此饶了他们的性命。

不善变通的人,不愿意吃亏,往往招致的是不愉快的后果。

芦苇与橡树争论不休,都认为自己有耐力,很冷静,力气大,谁也不肯认输。

橡树说:"你没有力量,无论哪个方向的风都能轻易地把你刮得东倒西歪。"

芦苇没有回答。

过了一会儿,一阵猛烈的强风吹了过来,芦苇弯下腰,顺风仰倒,幸免于连根拔起。而橡树却硬迎着风,尽力抵抗,结果被连根拔掉了。

因此,我们在生活中要有不怕吃小亏的精神,吃小亏之后往往能占大便宜。

第三节

舍卒保车,鸡蛋不必硬碰石头

面对"皇亲国戚",有理也要吃"哑巴亏"

志强是一家公司的人力资源主管,但是因为得罪了"皇亲国戚",受到领导冷落、同事孤立。于是,他将自己的苦闷通过信件的方式,向一位记者倾诉,以下是信件内容:

Lydia：

你好。

最近实在太郁闷了，但又不知道该怎么排遣心中的抑郁。从一个朋友那里听到你正对冷暴力进行调查研究，冒昧给你写信，希望能得到你的帮助。

我之前一直在外企工作，来这家民营公司才三个月。公司里面的很多员工不是老板的亲戚就是经理的朋友，总之有很多人都不是靠本事来公司的，而是靠关系在这里当寄生虫。我十分反感和厌恶这种人，他们没什么真本事，但在公司里十分嚣张。公司的管理人员对他们也敬而远之。

作为人力资源部的主管，我一直都认为公正是最重要的，不公正的待遇对一些认真工作的员工而言是一种伤害，所以我在工作中力求做到公正。在年终绩效考核的时候，我按照章程实事求是地对那些"关系户"进行了考核。由于他们平时总是无所事事，并且无视公司的规章制度，经常迟到早退，有时候好几天都找不到人，更谈不上什么业绩了，所以我给他们的初步考评的成绩都很低，没有一个及格的。我自认为"秉公执法"，没什么不妥。

但是，当我把考评结果拿给上级主管看的时候，他相当不满意，狠狠地批评了我一顿，并且责令我重新考评。我觉得非常委屈，我是按规定办事的，并没什么错。但当时无法抗拒上级主管的要求，只好重新做了一份绩效考核。此后我的工作更加艰难，那些"皇亲国戚"不时给我难堪，同事对我也不像以前那么热情了，我很苦恼。

信中，不难看出志强是一个追求公正、按章程办事的人。按照规章制度办事，看起来没有什么错误，但是在很多时候，很多问题并不能通过硬性的规章制度来解决。

经常有人感慨：人在江湖，难做事，难做人。其实，难就难在人际关系的协调上。不按制度办事觉得有违规定，按照制度办事又会给自己带来不少烦恼。因此，如何对待有背景的人是很需要技巧的。

例如，公司中有背景的职员犹如企业中的"皇亲国戚"，是公司中一个特殊的团体，他们与领导的关系非比寻常，常常仗着自己的特殊身份在公司中搞特例。他们的存在往往给一般员工和中层管理者带来很大的困扰，有很多人对这种人心生埋怨、颇有微词。但由于他们跟领导有着千丝万缕的关系，有时甚至还能左右领导的决策，所以大家对他们敢怒而不敢言。在工作中能够按章程办事是一种美德，但有时候更需要变通。因为有很多规矩是不写入章程，但是又必须遵循的，那就是人情世故的潜规则。

其实，人际关系中难免会有一些潜规则，不损害"皇亲国戚"的利益，不与他们为敌，就是其中之一。这也是与有背景的人交往的基本原则。千万不要在言语上刺激他们，也不要在利益上与他们发生纷争，尤其不要为所谓"正义"而揭发他们，这样做没有什么好处，相反只会害了你自己。

此外，想要较为安全地避开他们这片雷区，不要轻视和怠慢他们，同时也不要与他们交往过于密切，保持一般的关系就可以了。不管他们的为人怎么样，毕竟身份特殊。见面说些"今天天气不错"之类的话就可以了，而谈别人的隐私、聊某人的不是、发些牢骚，都是不合适的。不要跟他们"拉帮结派"，这样只会让你越陷越深，最终无力自拔。

责任伴随权利，担起责任换权利

在当今个人利益非常受重视的现实世界里，不少人认为自己负了什么责任，就是在吃亏。其实，在一个相对公平的集体当中，责任和权利是相伴随的，勇于担起责任，才可以换取权利。

关于这一点，动物界的狼为我们做了非常好的榜样。狼是具有强烈责任感的动物。狼群的领导者主要是由一对处于最高阶级的阿尔法公狼和母狼担任，并由一对次高级的贝塔公狼和母狼担任组织的管理中坚，其余基层组织的狼群，都属于社会组织最低阶级的奥米伽狼。不管地位如何，每只狼都毫不犹豫地承担自己应尽的责任，绝不违背自己应尽的义务。人是社会性的动物，责任从一出生开始就伴随着我们，但是每个人的责任感程度不尽相同，责任感弱的人就表现在对自己、对他人、对社会不负责，这种人活着只是作为社会的蠹虫而存在着，他甚至远远不及一匹奥米伽狼。责任感是人走向社会的关键品质，是一个人在社会上立足的重要资本。在生活中，不负责的人会失去身边的亲人、朋友的信任。在工作中，一个单位绝不希望将工作交给责任心不强的人。没有责任感，你就等于被孤立、被遗弃。看似不用负责任的行为可以让你解脱，但是其实它却是害苦你的祸根。一个叫弗兰克的老木匠做了一辈子的木匠工作，他因敬业和勤奋而深得老板的信任。当他年老力衰，对工作力不从心时，他对老板说，自己想退休回家与妻子儿女共享天伦之乐。老板十分舍不得他，再三挽留，但是他去意已决，不为所动。老板只好答应他的请辞，但希望他能再帮助自己盖一座房子。弗兰克自然无法推辞。

弗兰克归心似箭，心思已全不在工作上了，用料也不那么严格，做的活也全无往日的水准。老板看在眼里，却什么也没说。等房子盖好后，老板将钥匙交给了弗兰克。

"这是你的房子，"老板说，"我送给你的礼物。"

老木匠愣住了，悔恨和羞愧溢于言表。他一生盖了那么多豪宅华亭，最后却为自己建了这样一座粗制滥造的房子。同样一个人，可以盖出豪宅，也可以建造出粗制滥造的房子，不是因为技艺减退，而是因为他对自己的最后一项工作不再有责任感。本以为是在敷衍老板，最终却糊弄了自己。

真正有责任感的人，是善始善终而非半途而废的，既然承担了这份责任，就要认真去做，而不能怠懈下来。因为，当肩上担负起某些责任以后，你自然而然地就可以享受所对应的权利了。那么，我们为什么还要蒙蔽自己的双眼，只看到眼前的苦难和该承担的责任，而看不到它带给我们的利益呢？

眼光放远，吃眼前亏换长远利

人们总喜欢用"鼠目寸光"来形容那些没有长远眼光的人，这是很有道理的。因为做人如果有"心机"，有时候为环境所迫，就必须要吃"眼前亏"，否则可能要吃更大的亏。一天，狮子建议9只野狗同它一起合作猎食。它们打了一整天的猎，一共逮了10只羚羊。狮子说："我们得去找个英明的人，来给我们分配这顿美餐。"

一只野狗说："一对一就很公平。"狮子很生气，立即把它打昏在地。

其他野狗都吓坏了，其中一只野狗鼓足勇气对狮子说："不！不！我的兄弟说错了，如果我们给您9只羚羊，那您和羚羊加起来就是10只，而我们加上一只羚羊也是10只，这样我们就都是10只了。"

狮子满意了，说道："你是怎么想出这个分配妙法的？"野狗答道："当您冲向我的兄弟，把它打昏时，我就立刻增长了这点儿智慧。"俗话说，"好汉不吃眼前亏"，可是寓言中说的则是好汉要懂得在不利于自己的形势之下吃点亏。倘若野狗们坚持一对一地分配羚羊，它们极有可能会激怒狮子，不仅吃不了羚羊，甚至有可能断送了生命。而第二只野狗的做法，不仅保全了自己，还为以后能继续和狮子一起猎食提供了保障。

假设这样一种情况：你开车和别的车擦撞，对方只是"小伤"，甚至可以说根本不算伤，可是对方车上下来4个彪形大汉，个个横眉竖目，围住你索赔，眼看四周荒僻，不可能有人对你伸出援助之手。请问：你要不要吃"赔钱了事"这个亏呢？

当然可以不吃，如果你能"说"退他们，或是能"打"退他们，而且自己不会受伤。

如果你不能说又不能打，那么看来也只有"赔钱了事"了。因为，"赔钱"就是"眼前亏"，你若不吃，换来的可能是更大的损失。

所以说要眼光放远，敢于吃"眼前亏"，因为"眼前亏"不吃，可能要吃更大的亏。

一个人实力微弱、处境困难的时候，也是最容易受到打击和欺侮的时候。在这种情况下，人们的抗争力最差，如果能避开大劫也算很幸运了。假如此时遭到他人过分的"待遇"，最好是"退一步海阔天空"，先吃一下眼前亏，立足于"留得青山在，不怕没柴烧"，用"卧薪尝胆，待机而动"作为忍耐与发奋的动力。

汉朝开国名将韩信是精明地吃"眼前亏"的最佳典型。乡里恶少要韩信爬过他的胯下，韩信什么也没说，爬了。如果不爬呢？恐怕一顿拳脚，韩信不死也只剩半条命，哪来日后的统领雄兵、叱咤风云？他吃点亏，为的就是保住有用之躯，留得青山在，不怕没柴烧！

所以，当碰到对自己不利的环境时，千万别逞血气之勇，也千万别认为"士可杀不可辱"，宁可吃吃眼前亏。

以和为贵

孟子说："君子之所以异于常人，便是在于其能时时自我反省。"即使受到他人不合理的对待，也必定先反省自己本身，自己是否做到仁的境界？是否欠缺礼？否则别人为何如此对待我呢？等到自我反省的结果合乎仁也合乎礼了，而对方强横的态度仍然未改，那么，君子又必须反问自己：我一定还有不够真诚的地方。再反省的结果是自己没有不够真诚的地方，而对方强横的态度依然故我，君子这时才感慨地说："他不过是个荒诞的人罢了。这种人和禽兽又有何差别呢？对于禽兽根本不需要斤斤计较。"

每个人都生活在人群中，有人的地方自然会有矛盾。有了分歧，不知怎么办，很多人就喜欢争吵，非论个是非曲直不可。其实这种做法很不明智，吵架伤和气又伤感情，不值。不如大事化小小事化了，俗话说，家和万事兴，推而广之，人和也万事兴。人际交往中切不可太认死理，装装糊涂于己于人都有利，善于变通的人会选择"以和为贵"的方式来待人处事。

事实上，按照常情，任何人都不会把过去的记忆抛掉，就某些方面来讲，人们有时会有执念很深的事件，甚至会终生不忘。当然，这仍然属于正常之举。谁都知道，怨恨会随时随地有所回报。所以，为了避免招致别人的怨愤或者少得罪人，一个人行事需小心。《老子》中据此提出了"报怨以德"的思想，孔子也曾提出类似的话来教育弟子："以德报怨，以德报德。"其含义均是叫人处事时心胸要豁达，以君子般的坦然姿态应付一切。

《庄子》中对如何不与别人发生冲突也做了阐述。有一次，有一个人去拜访老子。到了老子家中，看到室内凌乱不堪，心中感到很吃惊，于是，他大声咒骂了一通扬长而去。翌日，又回来向老子道歉。老子淡然地说："你好像很在意智者的概念，其实对我来讲，这是毫无意义的。所以，如果昨天你骂我的话我也会承认的。因为别人既然这么认为，一定有他的根据，假如我顶撞回去，他一定会骂得更厉害。这就是我从来不去反驳别人的缘故。"

从这则故事中可以得到如下启示：在现实生活中，当双方发生矛盾或冲突时，对于别人的批评，除了虚心接受之外，还要养成毫不在意的习惯。人与人之间发生矛盾的时候太多了，因此，一定要心胸豁达，有涵养，不要为了不值得的小事去得罪别人。而且生活中常有一些人喜欢论人短长，在背后说三道四，如果听到有人这样谈论自己，完全不必理睬这种人。只要自己能自由自在按自己的方式生活，又何必在意别人说些什么呢？

从前，有一对圣人兄弟名叫伯夷、叔齐，二人互相推让王位退隐到山林里，最后饿死了。还有一位商朝的宰相伊尹，也很著名。孟子把孔子、伯夷和伊尹三人的人生观加以比较后，他说："不同道。非莫君不事，非其民不使；治则进，乱则退：伯夷也。何使非君？何使非民？治亦进，乱亦进：伊尹也。可以仕则仕，可以止则止，可以速则速：孔子也。皆古圣人也。吾未能有行焉。及所愿，则学孔子也。"

孔子、伯夷、伊尹三人，各有不同的人生观，但却都能坚守仁、义，所以孟子认为他们都是圣人。换言之，只要能够忠实地坚守原则，那么采取什么手段、方法都无关紧要。

这种处世态度对生活中的人们很有借鉴意义。人们往往因为别人的生活方式以及应对态度与己不同，因而排斥对方，认为唯有自己才正确。其实，只要能够遵守做人的原则，那么采取什么生活方式都无所谓。我们不可能要求别人在生活方面处处和自己一样，或是事事如己愿，这是极不现实的，如果能认清这个道理，人的心胸就会豁然开朗。圆融变通为人，就会允许人与人之间的差异存在，这样的人才是受欢迎的人。

做事要分轻重缓急

不会变通的人在处理日常生活的方方面面时，分不清哪个更重要，哪个更紧急。他们以为每个任务都是一样的，只要时间被忙忙碌碌地打发掉，他们就从心眼里高兴。

会变通的人是根据事情的紧迫感，而不是事情的优先程度来安排先后顺序的。

而把一天的时间安排好，这对于一个想克服做事不会变通的人是很关键的。

在紧急但不重要的事情和重要但不紧急的事情之间，你首先去办哪一个？面对这个问题你或许会很为难。

实际上，懂得生活的人都是明白轻重缓急的道理的，他们在处理一年或一个月、一天的事情之前，总是按分清主次的办法来安排自己的时间。

1. 把重要事情摆在第一位

商业及电脑巨子罗斯·佩罗说："凡是优秀的、值得称道的东西，每时每刻都处在刀刃上，要不断努力才能保持刀刃的锋利。"罗斯认识到，人们确定了事情的重要性之后，不等于事情会自动办得好。你或许要花大力气才能把这些重要的事情做好。而始终要把它们摆在第一位，你肯定要费很大的劲。下面是有助于你做到这一点的三步计划：

（1）估价。首先，你要用目标、需要、回报和满足感四原则对将要做的事情做一个估价。

（2）去除。第二步是去除你不必要做的事，把要做但不一定要你做的事委托别人去做。

（3）估计。记下你为达到目标必须做的事，包括完成任务需要多长时间，谁可以帮助你完成任务等资料。

2. 精心确定主次

在确定每一年或每一天该做什么之前，你必须对自己应该如何利用时间有更全面的看法。要做到这一点，你要问自己三个问题：

（1）我从哪里来，要到哪里去

我们每一个人来到这个世界上，都肩负着一个沉重的责任。可能再过 20 年，我们每个人都有可能成为公司的领导、大企业家、大科学家。所以，我们要解决的第一个问题就是，我们要明白自己将来要干什么。只有这样，我们才能持之以恒地朝这个目标不断努力，把一切和自己无关的事情统统抛弃。

（2）我需要做什么

要分清缓急，还应弄清自己需要做什么。总会有些任务是你非做不可的。重要的是你必须分清某个任务是否一定要做，或是否一定要由你去做。这两种情况是不同的。非做不可，但并非一定要你亲自做的事情，你可以委派别人去做，自己只负责监督其完成。

（3）什么能给我最高回报

人们应该把时间和精力集中在能给自己最高回报的事情上，即他们会比别人干得出色的事情上。在这方面，让我们用帕雷托定律（80/20）来引导自己：人们应该用80％的时间做能带来最高回报的事情，而用20％的时间做其他事情，这样使用时间是最具有战略眼光的。

有些人认为能带来最高回报的事情就一定能给自己最大的满足感。但并非任何一种情况都是这样。无论你地位如何，你总需要把部分时间用于做能带给你满足感和快乐的事情上。这样你会始终保持生活热情，因为你的生活是有趣的。

在确定了应该做哪几件事之后，你必须按它们的轻重缓急开始行动。大部分人是根据事情的紧迫感，而不是事情的优先程度来安排先后顺序的。这些人的做法是被动的而不是主动的。懂得生活的人不能这样，而是按优先程度开展工作。以下是两个建议：

1. 每天开始都有一张优先表

美国成功学大师卡耐基在教授别人期间，有一位公司的老板去拜访他，看到卡耐基干净整洁的办公桌感到很惊讶。他问卡耐基说："卡耐基先生，你没处理的信件放在哪儿呢？"

卡耐基说："我所有的信件都处理完了。"

"那你今天没干的事情又推给谁了呢？"老板紧追着问。

"我所有的事情都处理完了。"卡耐基微笑着回答。

看到这位老板困惑的神态，卡耐基解释说："原因很简单，我知道我所需要处理的事情很多，但我的精力有限，一次只能处理一件事，于是我就按照所要处理的事情的重要性，列一个优先表，然后就一件一件地处理。结果，完了。"说到这，卡耐基双手一摊，耸了耸肩。

"哦，我明白了，谢谢你，卡耐基先生。"几周以后，这位公司的老板请卡耐基参观其宽敞的办公室，对卡耐基说："谢谢你教给了我处理事务的方法。过去，在我这宽大的办公室里，我要处理的文件、信件等等，都是堆积得和小山一样，一张桌子不够，就用三张桌子。自从用了你说的法子以后，再也没有处理不完的事情了。"

这位公司老板找到了做事的好办法，几年以后成了美国社会成功人士的佼佼者，如果你对大量事务感到手足无措，那么不妨列一个优先表。

2. 把事情按先后顺序写下来，定个进度表

把一天的时间安排好，这对于你成就大事是很关键的。这样你可以每时每刻集中精力处理要做的事。但把一周、一个月、一年的时间安排好，也是同样重要的。这样做给你一个整体方向，使你看到自己的宏图，从而有助于达成你的目标。做人要变通，一定要分清事情的轻重缓急才能把事情处理好，才能让自己的生活变得更加有条理。

善于趋福避祸

善于断然退避，是一个人心怀博大、大智若愚的谋略的具体体现。一个人，尤其是一个领导者、管理者，在客观条件不允许继续前进，或再前进时就危及自身的情况下，应当自觉地、主动地断然退避。

这是保存自己的一个很重要的谋略思想。而要做到这一点，就必须具备较高的修养，善于克制、约束自己；而缺乏一定修养的人，是不可能做到这一点的。历史和现实都一再表明，善于退与善于进，具有同等的谋略价值，只善于进而不善于退的人，决非高明之人，而只有把两者有机地结合在一起并加以机动灵活运用的人，才称得上高明。

隐避不是消极地避凶就吉，而是暂时收敛锋芒，隐匿踪迹，养精蓄锐，待机而动。就是说退是迫不得已的，即使退也要做到主动、自觉不露声色地壮大实力，以便时机成熟时，奋起继

进。可见，这种退不是逃跑，而是进的一个环节，是下一步进的准备和前奏。只有这样的退，才称得上谋略。懂得变通为人的人善于趋福避祸。

明朝年间，在江苏常州，有一位姓尤的老翁开了个当铺，有好多年了，生意一直不错。某年年关将近，有一天尤翁忽然听见铺堂上人声嘈杂，走出来一看，原来是站柜台的伙计同一个邻居吵了起来。伙计连忙上前对尤翁说："这人前些时典当了些东西，今天空手来取典当之物，不给就破口大骂，一点道理都不讲。"那人见了尤翁，仍然骂骂咧咧，不认情面。尤翁却笑脸相迎，好言好语地对他说："我晓得你的意思，不过是为了过年关。街坊邻居，区区小事，还用得着争吵吗？"于是叫伙计找出他典当的东西，共有四五件。尤翁指着棉袄说："这是过冬不可少的衣服。"又指着长袍说："这件给你拜年用。其他东西现在不急用，不如暂放这里，棉袄、长袍先拿回去穿吧！"

邻居拿了两件衣服，一声不响地走了。当天夜里，他竟突然死在另一人家里。为此，死者的亲属同这个人打了一年多官司，害得别人花了不少冤枉钱。

这个邻人欠了人家很多债，无法偿还，走投无路，事先已经服毒，知道尤家殷实，想用死来敲诈一笔钱财，结果只得了两件衣服。他只好到另一家去扯皮，那家人不肯相让，结果就死在那里。

后来有人问尤翁说："你怎么能有先见之明，向这种人低头呢？"尤翁回答说："凡是蛮横无理来挑衅的人，他一定是有所恃而来的。如果在小事上争强斗胜，那么灾祸就可能接踵而至。"人们听了这一席话，无不佩服尤翁的聪明。

这就是善于趋福避祸之利。有时为了趋福避祸做适当的忍让是必要的。

当然，讲究趋福避祸之道并不是说一看前方有危险，便急忙后退，一退再退，以致放弃原来的目标、路线，改变方向、道路，而这个方向、道路与原来坚持的方向、道路已有本质的区别，那就不具有什么谋略价值，而是逃跑主义了。所以，在趋福避祸的问题上也要分清勇敢与怯懦、高明和愚笨。

小帮助大改变

做人要变通就不要忽视给他人带去小小的帮助，小小的帮助可能给你或他带来巨大的改变，让你我的生活充满惊喜，所以变通为人，记得带去你对他人的小帮助。

有一天，一个美国儿童俱乐部的代表要一个人以很少的赠予帮助美国儿童俱乐部，他拒绝了。这个俱乐部的唯一目的就是对孩子们进行品德教育。

"滚出去!"他说，"我病了，讨厌人们向我要钱!"

这位代表扭头就走，刚刚走到门口，他又停住脚步，转过身来，亲切地望着书桌后的那个人说道："你不想同这些贫困的人分担疾苦，但是我愿意同你分享我所有的一部分东西——一句祷文：愿上帝祝福你。"说罢他就迅速地转身出去了。

过了几天，发生了一件有趣的事。说过"滚出去"的那个人敲着儿童俱乐部办公室的门，问道："我可以进来吗?"他随身带着一张50万美元的支票。

就像那位儿童俱乐部的代表一样，你可能没有钱，但是你能同别人分享你所拥有的一部分东西，你也能像他一样成就伟大事业的一部分，哪怕分享的只是微不足道充满情感的话语。

圣诞节前夕，16岁的比利一直忙着扮演帮圣诞老人跟小朋友合照的一个小精灵，以便凑足自己的学费。随着圣诞节的来临，圣诞节的工作越发繁重，但经理玛丽总在适当的时候给他一个足以鼓舞士气的微笑，使他取得了最好的业绩。为了感谢经理玛丽，比利决定在圣诞夜送一份礼物给她。但下班的时候就6点了，当他冲出去时，却发觉周围几乎所有的店都关门了。但比利实在想买个小礼物送给玛丽，虽然他没有多少钱。

回去的路上，比利看到史脱姆百货公司还开着门，于是他以最快的速度冲了进去，来到礼品区。等冲进去后，比利才发现自己跟这里格格不入，因为这个店是有钱人光顾的地方，其他顾客都穿得很漂亮，又有钱，在这个店里，比利怎么指望会有价钱低于15元的东西呢？

这时，一位女店员向比利走过来，亲切地询问能否帮他。此时，周围的人都转过头来看他。比利尽可能低声说："谢谢，不用了，你去帮别人吧！"女店员看着他，笑了笑，坚持道："我就是想帮你。"于是，比利只好告诉她他想买东西给谁，以及为什么买给她，最后羞怯地承认自己只有15元。而女店员呢，似乎很开心，思考了一会儿，就开始动手帮他选。然而百货公司的礼物也所剩无几了，她仔细地挑着，很快就摆成了一个礼物篮，一共花了14元9分。当一切完成后，商店就要关门，灯已经熄了。

当时，比利站在那里迟疑了一会儿，想回家怎么能包装得更漂亮点。女店员似乎猜到了比利在想什么，问他："需要包装好吗？""是。"比利回答。此时，店门已经关了，一个声音在询问是否还有顾客在店里。女店员没有丝毫的犹豫，就走近后场，过一会儿她回来了，带着一个用金色缎带包裹得非常精美的篮子。比利简直不敢相信自己的眼睛，当他向女店员道谢时，她笑着说："你们小精灵在购物中心为人们散播快乐，我只是想给你一点小小的快乐而已。"

"圣诞快乐！"当他把礼物送到玛丽的面前时，她竟欢喜地哭了，比利感到很开心！

一个假期，比利脑海中不断浮现出那个女店员微笑的面容，一想到她的善良以及带给自己和玛丽的快乐，比利总想为她做点什么。能做什么呢？比利唯一能做的就是给百货公司写了一封感谢信。

比利觉得这件事就这么过去了，但一个月后，突然接到芬尼，也就是那个女店员的电话，请他吃顿午餐。当碰面时，芬尼给了比利一个拥抱，一份礼物，还讲了一个故事。

原来，因为这封信，芬尼成了史脱姆百货的服务之星。当宣布芬尼得奖时，芬尼很兴奋，也很迷惑，直到她上台领奖，经理朗读了比利的信时，她才恍然大悟，每个人都报以一阵热烈的掌声。

芬尼的照片被放在大厅，而且还得到一个14K金的别针和100元奖金。然而更棒的是，当她把这个好消息告诉父亲时，父亲定定地看着她说："芬尼，我实在为你骄傲。"

芬尼激动地握着比利的手，说："你知道吗？我长这么大，父亲从来没对我说过这句话！"

那个时刻，比利一辈子都记得。它让比利了解到一个微不足道的帮助将会给他人带来最大的改变。芬尼漂亮的篮子，玛丽的快乐，比利的信，史脱姆百货的奖励，芬尼父亲的骄傲，整件事至少改变了三个生命。

圆融变通的人知道小帮助带给别人和自己的影响可能会是巨大的，生活中记得经常给他人一些小帮助，你给别人的，别人一定会回报你。

第三章

学会低头，才能出头

第一节

人有5尺，天地却只有3尺

天地之间的高度只有3尺

被称作"美国之父"的富兰克林有一句名言："人，要昂首天下，但也要时时记得低头！"

有一则小幽默，女孩问向她求爱的男孩："你知道天有多高，地有多厚吗？"男孩想了一下说："嗯……不知道。"女孩轻蔑一笑："哼，又是一个不知天高地厚的家伙。"看似一个不经意的笑话，却可以引发我们对于天地之间高度的探索，那么到底天与地之间的距离是多少呢？

古希腊的时候，有人曾问苏格拉底："你是天下最有学问的人，那么你说天与地之间的高度是多少？"苏格拉底毫不迟疑地说："3尺！"那人疑惑了："我们每个人都有5尺高，天与地之间只有3尺，那还不把天戳个窟窿？"苏格拉底笑着说："所以，凡是高度超过3尺的人，就要懂得低头啊。"

天地间的高度不过3尺，可是年轻人的个头大都超过5尺，为了能够在天地之间生存，我们每个人都应该学会低头，学会以低调的姿态面对人生。可是，年轻人的身上总是有着"初生牛犊不怕虎"的气势，总是会摆出一副天不怕、地不怕的模样，所以即使是在强势的生活考验之下，我们也不会心甘情愿地低下"高贵"的头颅。

生活，有时候就像一个淘气鬼，总是喜欢捉弄不懂得生存法则的孩子。所以，如果我们在严峻的生活考验之下还不懂得低头，那么无疑我们会受到生活给予的各种各样的严厉惩罚。

富兰克林年轻时曾去拜访一位前辈。年轻气盛的他，昂首挺胸迈着大步，一进门就撞在门框上。迎接他的前辈见此情景，笑笑说："很疼吗？可这将是你今天来访的最大收获。一个人活在世上，就必须时刻记住要适时低头。"

这让人很自然地想起了苗家人房屋建筑的特点。一个不大的屋子里面可以有几十个房檐和门槛，平日里，苗寨里的乡亲们就背着沉甸甸的大背篓从外面穿过这些房檐和门槛走进来。虽然障碍如此之多，可从来没有人因此撞到房檐或者是被门槛绊倒，而外乡人初至，即使是空手走在这样的屋子里也会经常碰头或跌跤。一位苗家老人常常告诫初来的外乡人，要想在这样的建筑里行走自如，就必须牢记：可以低头，但不能弯腰。低头是为了避开上面的障碍，看清楚脚下的门槛，而不弯腰则是为了有足够的力气承担起身上的背负。

老人对富兰克林的告诫其实也是对人生的形象比喻。苗家建筑也好比人生，一路上充满了房檐和门槛，一个不大的空间里到处都是磕磕绊绊，而人们肩膀上那个沉沉的背篓里装满了做人的尊严。背负着尊严走在高低不同、起伏不定的道路上，必须时刻提防四周的危险，还要时刻提醒自己：头要低，腰须挺。

所以，在3尺高的天地之间低头前行，并不是一件丢脸的事，而是一种智慧、一种境界。尤其是在社会竞争如此激烈的今天，我们需要面对的东西太多，需要注意的事情也太多：想要工作出色，需要花费心力；想要家庭和睦，需要付出；想要有更大的发展，更要学会在曲折中保存实力……而并不是所有的事情都是一帆风顺的，上司可能不理解你对于工作的构想；父母可能不理解你的人生选择；同事之间可能一直矛盾重重；连爱人之间也可能不停地产生误会……

面对生活，我们的确需要忍耐，需要低头。生命的负载太多，人生的负载太沉，低一低头，就可能卸去多余的沉重。比如面对别人的不解，低一低头，虽然不一定能赢得别人的谅解和信任，但是最起码可以除去不必要的纠纷。

但是，并不是说低头就要放弃做人的尊严。我们经常误认为，向别人低头，就等于自己的尊严受挫。其实并不是这样的。低头，是在挫折中保存自己的智慧，是在没有必要的纷争中保护自己的一种能力，是一种豁达。可是，现实生活中，并不是所有的人都具有低头的勇气，结果不是碰壁，就是触网，在生活的挫折中饱受煎熬。其实，年轻人何必总是一副宁死不屈的倔强样子呢？低一低头，多给自己一次机会，岂不是更好？

放低身段，会使高贵者变得更加高贵

如果位居高位的人能放低姿态俯就众人，以平易随和的态度对待众人，做到华而不显、贵而不炫，就一定会赢得众人的拥戴、人心的归附。

有人说：高贵者最愚蠢，卑微者最聪明。意思是：以为自己高贵的人是最愚蠢的，而能放下身段、体察民情、了解民意，由此学到知识的人才是最聪明的。其实高贵和卑微并非是先天造就的，而是由人自身的态度和处世的方式决定的。

五代时南唐有位画家叫钟隐，他从小喜欢画画，经名师指点，自己又刻苦练习，年纪轻轻就成了名。从此，家中的宾客络绎不绝。要是换了肤浅的人，遇到这种情况，一定会自鸣得意、沾沾自喜，可是钟隐对这一切却无动于衷，每天仍然在书房里潜心作画。

钟隐深知自己山水画已经很有功力，但花鸟还很欠缺。要想画好，必须有名师指点，他四处打听哪里有擅画花鸟的名师高手，自己好前去拜师学艺。这一天，他与故人侯良一起喝酒，钟隐问侯良是否能给引荐个擅画花鸟的名师。侯良说："我的内兄郭乾晖就很擅长画花鸟画。不过他性格古怪孤僻，别说收学生，就连自己画的画儿也轻易不给人看。更怪的是，他画画还总躲着人，恐怕人家把他的技法偷学去。"

钟隐倒觉得郭乾晖这个人很有意思，他如此保守，恐怕必有诀窍。可是，怎么才能接近他呢？这倒得费费脑筋了。钟隐四下打听，听说郭乾晖要买个家奴。

于是，钟隐打扮成仆人的样子，到郭府应聘去了。郭乾晖见钟隐长得非常机灵，就留下了他。在郭府，钟隐每天端茶递水，打扇侍候，什么杂活儿都干。向来写字画画的他虽然感觉很辛苦，但是一想到能够看到郭乾晖画的画，就有了坚持下去的动力。

为了能够亲眼看见郭乾晖作画，钟隐尝试了各种办法，坚持不离郭乾晖左右。可是每次作画的时候，郭乾晖不是让他去干这，就是让他去干那，想方设法把他打发走。就这样，钟隐还是没有看到郭乾晖作画。

一连两个月过去了，钟隐还是一无所获。几次他都起了走的念头，但心中又总是还有一线希望使他留下来。

钟隐没有把自己为奴学画的事情告诉任何人，连他的妻子也只知道他是出远门去会朋友。钟隐毕竟是个名人，每日高朋满座，可这些日子，朋友来找他，家人都说他出门了，问去哪儿了，又都说不知道。时间一长，人们就起了疑心。最后连家人也疑心重重，特别是钟夫人，非要把他找回来不可。

一天，郭乾晖外出游逛，听人家说名画家钟隐失踪了两个月，连家人也不知他去了哪儿。再听人家描述钟隐的岁数和相貌，跟家里的那个年轻人相像，他也正好来家里两个月。"怪不得他总想看我作画呢！"郭乾晖恍然大悟，急急忙忙地跑回家，把钟隐叫到书房里，说道："你的事情我全知道了。为了学画，你不惜屈身为奴，实在使老夫惭愧。我多年来不教学生，自有我的道理，今天遇到你这样虚心好学的青年，我也不能不破例，将来你会前途无量的。"

就这样，钟隐以执著的求学精神感动了郭乾晖，名正言顺地成了他的学生，郭乾晖把自己多年的体会和技艺毫无保留地传授给了钟隐。

钟隐为了拜师学艺，不惜自降身价，他这份诚挚的心意终于打动了执拗的郭老前辈，获得了学画的机会。由此可见，放下身段并不会让我们变得卑微，懂得低头也并不是一种懦弱。所以，当我们急于出头或急于求成时，不妨学习一下钟隐，放下自己的身段，潜心求学，这样我们才能拥有更多的收获，离成功更近。

在生活中，总是有人担心如果自己放下身段会被他人嘲笑和贬低，其实这样的顾虑是没有必要的。通常情况下，人们评价一个人是高贵还是卑微，不会只看到他的身份和地位，而是更注重他的品行和道德。路边上的乞讨者即便衣衫褴褛、身无分文，可当他把乞讨来的钱捐给更需要的人时，没有人会觉得这个乞丐是卑微的。身着名牌、打扮得体的绅士弯腰递给乞丐钞票，只会让人觉得绅士有教养而不是"掉价"了。

所以，真正高贵的，是人的心灵，真正卑微的，也是人的心灵。一颗高贵的心灵，每个普通的人都有权利拥有。只要我们心中拥有对于美好生活的勾画，并为了追求自己的理想而不顾惜自己的身份和地位，那么即使现在我们正做着一些有悖于自己身份的事情，也不会有人说我们卑微。相反的，因为心灵上绽放的光辉，我们的生命会因此变得更加高贵。

鹤立鸡群被鸡啄

如果想在这纷杂的社会中明哲保身，最好放弃自身的优越感，做个"没有气势"的人，这样才会比较安全。

有句话说得好："出头的椽子先烂。"这确实是客观世界中不争的事实。出头椽子，总是比不出头的椽子要承受更多的风吹雨打，日复一日，年复一年，自然也比别的椽子要腐烂得早。同样的道理也适用于我们的生活，那些喜欢高调地炫耀自己的成就的人，往往更容易遭到别人的嫉妒，要承受更多的舆论压力。所以，人们在风光尽显之时，一定要学会用低调的盾甲保护自己，否则，就有可能将自己置于危险的境地。

西汉有位官员叫杨恽，重仁义、轻财物，为官廉治奉法，大公无私。可正当他官运亨通、春风得意的时候，有人嫉妒他位高名显，便在皇帝面前告了他一状，说他对皇帝陛下心怀不满，表现得那么出色是为了笼络人心，图谋不轨。

皇帝当然厌恶有人和他唱对台戏，尤其不能忍受别人意图谋权篡位。经人这么一告发，皇帝一气之下，就把杨恽贬为平民。

原先做官时，杨恽就想添置家产，但是怕别人说他不廉政，现在下野了，反倒乐得轻松。他以置办财产为乐，在每天忙忙碌碌的劳动中得到快慰。

他的好朋友孙会宗听说了这件事，感到可能会闹出大事来，就写了一封信给杨恽，信里说："大臣被免掉了，应该关起门来表示'心怀惶恐'，装出可怜的样子，免得人家怀疑。你不应该置办家产，搞公共关系，这样容易引起人们的非议。让皇帝知道了，不会轻易放过你的。"

杨恽很不服气，回信给老朋友说："我自己认为确实有很大的过错，德行也有很大的污点，理应一辈子做农夫。农夫很辛苦，没有什么快乐，但在过年过节杀牛宰羊，喝喝酒、唱唱歌，来慰劳自己，总不会犯法吧！"虽然说"身正不怕影子歪"，可是人心叵测，就是有人把他视为眼中钉、肉中刺，再一次向皇帝告发，说杨恽被免官后，不思悔改，生活腐化。而且，最近出现一次不吉利的日食，也可能是由他造成的。

皇帝大惊，急忙下令迅速将杨恽缉拿归案，以大逆不道的罪名将他腰斩，还把他的妻儿子女流放到酒泉。

悲剧的酿成，就是因为杨恽不懂得低调保身的哲学。免官之后，他本来应该接受友人的劝告，采取低调的策略，装出一副诚惶诚恐的可怜样子，就不会给别人落下话柄。可杨恽非但没有接受教训，还置办家产，广交朋友，风光度日，这不是"树大招风"、自植祸害吗？所以，如果你已经从高处跌向低谷，就应该适应低处的环境，调整自己处世的方式。即使你是一只"鹤"，如果已经进入了"鸡群"，也要懂得低下你长长的脖子。

通常情况下，我们所说的"鹤立鸡群"包含两层含义：第一种是为人优秀，在人群里非常引人注目。这样的人很容易吸引众人的目光，也很容易发达，可是也会因为注意的人太多而要承受过多的压力，遭人嫉妒或者平增许多莫须有的罪名，让你的精神备受打击。同样的错误，放在别人身上也许会被原谅，可是放到优秀的人身上就会被无限放大甚至招来祸端；同样的事情，别人可以轻松去做、去享受，而当很受人关注的人也去做的时候，就会被人指点和批评。因此，越是春风得意之时，就越要经常反躬自省、不显不露、低头做人，只有这样才能减少别人投放在我们身上的目光，减少自己所承担的压力，让自己的生活变得轻松。

第二层含义是，曾经是鹤，被无情打压和排挤过后，失去了先天的优势，不得不在鸡群里委屈地生活。也许你会觉得，自己的经历完全可以应付现在平淡的生活，也完全可以在"鸡群"里崭露头角，可是不要忘记，人们总是习惯于从自己的利益角度来看事物。如果你做了伤害他们利益的事情，他们就会用你曾经的经历作为把柄来进行攻击，毕竟在他们的眼里，你已经风光不再，甚至还到处都是敌人。所以，即使是落井下石，他们也不会介意。

不管是哪一种状况，只要是鹤立鸡群，鹤永远都是处于苦难的边缘。只有学会低调，不让别人感觉到你是异类，才能逃离一些不必要的折磨，安心地过属于自己的生活。

矮人一截不等于低人一等

低调的人虽不张不扬、不温不火，内心却自信自尊，他们"上交不谄，下交不渎"，以一种独特的风范维护着自己的尊严。

这里说的"矮人一截"里面的"矮"，并不是指个头，而是指低调做人，是取得成就时的不张扬，与人发生冲突时的忍让，帮助别人时的不炫耀，在人群中的不显露……低调做人者不显山、不露水，不让别人觉得自己"高人一等"，但也不会因为自己的忍耐和退让而让人觉得他们就是"低人一等"，他们会用自信、自尊来维护自己的尊严。

如今已是某保险公司股东会成员之一的赵丽回忆起她的成功经历时说，她所卖出的数额最大的一张保单不是在她经验丰富后，也不是在觥筹交错中谈成的，而是在她第一次推销的时候。

这是赵丽所在市最大的一家合资电子企业，向这样的企业进行推销，赵丽不免有些胆怯，毕竟这是她的第一次推销。然而，再三思虑后，她还是壮着胆子进去了。当时，整个楼层只有外方经理在。

"你找谁？"他的声音很冷漠。

"您好，我是保险公司的业务员，这是我的名片。"赵丽双手递上名片，心里有些发虚。

"推销保险？今天已经是第三个了。谢谢你，或许我会考虑，但现在我很忙。"老外的发音直直的，像线一样，听不出任何感情色彩。

赵丽本来也不指望那天能卖出保险，所以毫不犹豫地说了声"sorry"就离开了。

如果不是她走到楼梯拐角处时下意识地回了一下头，或许她就这么走了，以后也不会有任何事情发生。

赵丽回了一下头，看见自己的名片被那个老外一撕，扔进了废纸篓里。赵丽感到非常气愤，于是她转身回去，用英语对那个老外说："先生，对不起，如果您不打算现在考虑买保险的话，请问我可不可以要回我的名片？"

老外的眼中闪过一丝惊奇，旋即平静了，耸耸肩问她："为什么？"

"没有特别的原因，上面印有我的名字和职业，我想要回来。"

"对不起，小姐，你的名片让我不小心洒上墨水，不适合还给你了。"

"如果真的洒上墨水，也请您还给我好吗？"赵丽看了一眼废纸篓。

片刻，他仿佛有了好主意："这样吧，请问你们印一张名片的费用是多少？"

"五毛，问这个干什么？"赵丽有些奇怪。

"好吧。"他拿出钱夹，在里面找了片刻，抽出一张一元的："小姐，真的很对不起，我没有 5 毛零钱，这张钞票算我赔偿你的名片，可以吗？"

赵丽想夺过那一块钱，撕个稀烂，告诉他她不稀罕他的破钱，告诉他尽管她是做保险推销的，可也是有人格的。但是，她忍住了。

她礼貌地接过那一元钱，然后从包里抽出一张名片给了他："先生，很对不起，我也没有 5 毛的零钱，这张名片算我找给您的钱。请您看清我的职业和我的名字，这不是一个适合进废纸篓的职业，也不是一个应该进废纸篓的名字。"

说完这些，赵丽头也不回地转身走了。

没想到，第二天赵丽就接到了那个外方经理的电话，约她去他公司。

赵丽几乎是趾高气扬地去了，打算再次和他理论一番。但是，他告诉赵丽的是，他打算从她这里为全体职工购买保险。

赵丽不卑不亢的做法最终使她赢得了外方经理的尊重，也书写了大大的"人"字。她并没有看到别人有地位、有金钱就不自觉地矮人一截，甚至将侵犯人格的举动视而不见，而是让对方明白了尊严的真正意义。因为自重，她赢得了尊重！

低调的人就是这样，他们能够正确认识、分析自我，明白自己的优势和劣势，不以自己的短处与人家的长处相比，更不以自己的劣势与人家的优势相论。他们能摆正自己的位置，摆脱"低人一等"的心理，发挥自己的所长，以平常之心对待，显出足够的自信，从而在处世过程中从容自如、游刃有余。

为什么小丑有时比主角更受欢迎

如果你丢不开面子，放不下尊严，没办法打破生涩，扮演不了在众人的嬉笑中不断进步的小丑，那么你只能成为生活的看客。

观看舞台剧，人们总是为了小丑的滑稽表演而欢呼。人们对于小丑的喜爱，有时候更多于对帅气的王子和美丽的公主的喜爱，这是为什么呢？

法国一家马戏团的经营者说："小丑的角色并不是很容易就能够扮演的，他需要表演者打破羞涩，敢于出丑。只有把观众逗乐了，你才是成功的，否则你就注定会失败。"敢于出丑是小丑表演者的必备因素，可能也是我们最为之心动的因素：我们喜欢小丑，是因为小丑的身上寄托了很多日常生活中我们不敢去做的事情。

在生活中，人们都想使自己表现得聪明，都怕在众人面前出丑。这似乎是截然对立的两件事，聪明人绝不会出丑，出丑的人必然是笨蛋。然而，事实并非如此，并不是你不出丑就能变得聪明，也不是你不出丑就能获得成功。比如滑稽的小丑，虽然丑态百出，却能赢得观众赞许的掌声。所以，不要害怕出丑，也不要因为一时的出丑而觉得难堪、愧疚，因为只有勇于出丑，我们才能增加对自己的磨炼，才能离成功更近。

罗茜读书时网球打得不好，所以老是害怕打输，不敢与人对垒，至今她的网球技术仍然很蹩脚。罗茜有一个同班同学，开始时她的网球比罗茜打得还差，但她不怕被人打下场，越输越打，后来成了令人羡慕的网球手，成了大学网球代表队队员。

聪明令人羡慕，出丑总使人感到难堪。但聪明是无数次出丑中练就的，不敢出丑，就很难聪明起来。

那些勇敢地去干他们想干的事的人是值得赞赏的，即使有时在众人面前出了丑，他们还是洒脱地说："哦，这没什么！"就是这么一类人，他们还没学会反手球和正手球，就勇敢地走上网球场；他们还没学会基本舞步，就走下舞池寻找舞伴；他们甚至没有学会屈膝或控制滑板，就站上了滑道。

艾米只会说一点点可怜的法语，她却毅然飞往法国去做一次生意上的旅行。虽然人们曾告诫她：巴黎人对不会讲法语的人是很看不起的，但她坚持在展览馆、在咖啡店、在爱丽舍宫用法语与每个人交谈。她不怕结结巴巴，不怕语塞、出丑吗？一点也不。因为艾米发现，当法国人对她使用的虚拟语气大为震惊之后，许多人都热情地向她伸出手来，为她的"生活之乐"所感染，从她对生活的努力态度中得到极大的乐趣。他们为艾米喝彩。

不怕出丑的人还包括那些学习对他们来说并不容易的人。生活中有些人由于不愿成为初学者，就总是拒绝学习新东西。他们因为害怕"出丑"，宁愿放弃机会，限制自己的乐趣，禁锢自己的生活。

若要改变自己的生活，就必须冒出丑的风险，除非你决心在一个地方、一个水平上"钉死"了。不要担心出丑，否则你就会毫无出息，而且更重要的是，即使你不出丑，你同样不会心绪平静、生活舒畅，你会在囿于静止的生活与时时渴望变化的矛盾中饱受痛苦煎熬。我们也许应该记住这一点，由于我们害怕出丑，也许会失去许多生活机会而长久地感到后悔。我们应该记住法国人的一句话："一个从不出丑的人并不是一个他自己想象的聪明人。"

林肯的胡子，为谁而留

从山上下来吧，只有回到地面，你才能重新回到人群当中。

低调平易的人不仅能够获得众人的尊敬，也能够由此赢得他人的帮助和支持，从而使自己的生活和事业更加灿烂辉煌。

正因为如此，古今中外的领导者都能够自觉地将低调作为一种策略，灵活地适用到工作中，放低自己的身段，和众人打成一片，从而收获人心，使自己在事业中更加"如鱼得水"。

林肯的故居里挂着他的两张画像，一张有胡子，一张没有胡子。在画像旁边的墙上贴着一张纸，上面歪歪扭扭地写着：

亲爱的先生：

我是一个 11 岁的小女孩，非常希望您能当选美国总统，因此请您不要见怪我给您这样一位伟人写这封信。

如果您有一个和我一样的女儿，就请您代我向她问好。要是您不能给我回信，就请她给我写吧。我有四个哥哥，他们中有两人已决定投您的票。如果您能把胡子留起来，我就能让另外两个哥哥也选您。您的脸太瘦了，如果留起胡子就会更好看。

所有女人都喜欢胡子，那时她们也会让她们的丈夫投您的票。这样，您一定会当选总统。

格雷西

1860 年 10 月 15 日

在收到小格雷西的信后，林肯立即回了一封信。

我亲爱的小妹妹：

　　收到你 15 日的来信，非常高兴。我很难过，因为我没有女儿。我有三个儿子，一个 17 岁，一个 9 岁，一个 7 岁，我的家庭就是由他们和他们的妈妈组成的。关于胡子，我从来没有留过，如果我从现在起留胡子，你认为人们会不会觉得有点可笑？

　　忠实地祝福你

亚·林肯

　　第二年 2 月，当选的林肯在前往白宫就职途中，特地在小女孩的小城韦斯特菲尔德车站停了下来。他对欢迎的人群说："这里有我的一个小朋友，我的胡子就是为她留的。如果她在这儿，我要和她谈谈。她叫格雷西。"这时，小格雷西跑到林肯面前，林肯把她抱了起来，亲吻她的面颊。小格雷西高兴地抚摸着他又浓又密的胡子。林肯对她笑着说："你看，我让它为你长出来了。"

　　原来林肯的胡子是为一个小小的女孩子而留，而这个女孩子他一开始并不认识。有人说，林肯是为了拉两张选票才留起胡子的。其实对于一场大选，两张选票能起的作用很微小。如果换位思考，你接到类似的信，相信你也会一笑了之，觉得一个 11 岁的孩子不值得重视。可林肯不但重视了一个小女孩的来信，还认真地写了回信并真的蓄起了胡子。这也许就是他能获得人们的拥护和爱戴的原因。

　　当年林肯总统的平易随和是有口皆碑的，尽管他贵为总统，却常常喜欢一个人独自走出办公室，到民众中去。平时他在白宫办公室的门总是开着，任何人想进来谈谈都受欢迎，他不管多忙也要接见来访者。

　　林肯总统不愿意在他和民众之间拉开距离，这使保卫工作颇不好做。他也常抱怨那些执行职责的保卫人员："让民众知道我需要与他们在一块儿，这一点是很重要的。"他先这样说，接着就开始躲避他的卫兵或命令他们回到陆军部去。他不愿意成为白官办公室的囚徒。

林肯很少拒绝人，甚至对有的人还鼓励他们来访。1863 年，林肯写信给印第安纳州的一个公民："对来见我的人们我一般不拒绝见他们；如果你来的话，我也许会见你的。"他曾说，"告诉你，我把这种接见叫做我的'民意浴'——因为我很少有时间去读报纸，所以用这种方法搜集民意。虽然民众意见并不是时时处处令人愉快，但总的来说，其效果还是具有新意、令人鼓舞的。"

像林肯这样的大人物，总是格外引起别人的注意，如果能以平等的态度对待众人，那么一定会深得人心。反之，如果一直摆出一副高高在上的姿态，那么别人就会对你心存忌惮，敬而远之。

在生活中，我们常常会注意到，在企业中，如果管理者总是摆出一副高高在上的样子，那么他的下属就会跟他产生很大的隔阂，不利于沟通和提高企业的整体效益。如果管理者能够平易近人，跟下属一起加班，跟大家一起吃盒饭……上下级的相处就会自在很多，彼此的沟通也会做得很好，企业的整体效益也会有所提高。

所以，不要总是抬头仰望，低下头来，即使是一个小小的细节，也足以温暖人心。

生命的红酒永远榨自破碎的葡萄

玫瑰开得正旺的季节，将它们采摘回来，风干，压平，夹在书页当中，那么这一份玫瑰的清香就能够一直保存。

美国作家威廉·杨格曾说："一串葡萄是美丽、静止与纯洁的，但它只是水果而已；一旦压榨后，它就变成了一种动物，因为它变成酒以后，就有了动物的生命。"为了成就红酒的美丽，晶莹的葡萄需要将自己的身体弄碎，经历压榨的折磨。可是如果它不做这样的自我牺牲，虽然也可能绚烂一时，却避免不了烂于树上的悲惨结局。这和我们的生活有很多共同之处。

人的一生中，总会遇到各种各样不尽如人意的事情，无论是来自自身的，还是来自外界的，都会令你烦闷不堪。一个人，如果想要成就一番事业，就必须面对挫折，学会忍辱负重，以坚忍不拔之气克服重重障碍，直至把生命磨炼到最美的状态。

西汉时期，北方匈奴冒顿单于执政时，国力衰弱。东胡国王想趁机灭掉匈奴，便故意找事。他听说匈奴有一匹千里马，便派使者来索要。冒顿单于知道东胡国的阴谋，对手下愤愤不平的群臣说："东胡跟我国十分友好，所以才向我们索要宝马，我们怎么能因为一匹马而影响与邻国的关系呢？"于是，他将宝马拱手送给东胡。

东胡国王一计不成，又生一计，派使者索要冒顿的妻子为妃。这个要求太过分了，就算一个普通男人，也不能忍受这般蛮横无理的羞辱！匈奴的文臣武将忍无可忍，表示要好好教训一下东胡。冒顿却十分冷静，对那些喊打喊杀的臣子们说："天下女子多的是，东胡却只有一个。为了与东胡国睦邻友好，我愿意献出我的妻子。"

东胡国王得到宝马与美妻后，暂时没再给冒顿找麻烦。趁此时机，冒顿励精图治，国力渐强。东胡国王顿感不安，又来挑衅，又派使者求见冒顿，说："你我两国边境之间有块空地，有一千多里，你匈奴也到不了那里，把这块地送给我吧。"冒顿又问左右大臣该如何。左右大臣们见冒顿从前事事懦弱忍让，全无斗志，便说："这本来就是块无用的土地，送给他也无所谓。"

冒顿闻言大怒，说道："土地是国家的根本，怎么能把土地送给别人？"凡是说可以把地给东胡的大臣都被他斩首，然后传令集中兵马，迟到者一律斩首，他亲率大军袭击东胡。

东胡素来轻视匈奴，全然不加防备，冒顿一举消灭了东胡，把东胡占为己有。

冒顿如果为一时之气，贸然动手，匈奴可能早早就被灭掉。所以，即使东胡国一而再、再而三地挑衅和欺压，冒顿也只是退让低头。退让不是目的，退让的同时暗自加强自己国家的实力，为自己能一举消灭东胡而忍气吞声。

被压榨并不可怕，可怕的是容忍不了别人压榨自己，不管自己的实力多么弱小，都想和别人争个鱼死网破，结果自己只能像高挂枝头的葡萄，成不了芳香的红酒，而只能很快地腐烂。生活中，我们不要害怕一时的压榨，相信自己，低头过后，将会收获更多东西。

适时隐藏锋芒，避免毕露

人生如此复杂诡变，我们更应懂得收敛锋芒，低调处世。

有成语曰"锋芒毕露"，锋芒本是刀剑的尖端，这里比喻显露出来的才干。

古人认为，一个人若无锋芒，那就是提不起来，所以有锋芒是好事，是事业成功的基础，在适当的场合显露一下既有必要，也属应当。

但是现实生活似乎对于锋芒毕露的人格外的残酷，一旦过分展露自己的锋芒，就会遭到小人的忌恨，最终导致自己的失败。尤其是想做大事业的人，锋芒毕露不但不能使你达到事业成功的目的，而且可能让你因此失去身家性命。

唐德宗时杨炎与卢杞一度同任宰相。卢杞是一个除了逢迎拍马之外一无所长的阴险小人，而且脸上有大片的蓝色痣斑，相貌奇丑无比。而与卢杞同为宰相的杨炎，却满腹经纶，一表人才。

博学多闻、精通时政、具有卓越政治才能的杨炎，虽然具有宰相之能，性格却过于刚直。因此，像卢杞这样的小人，他根本就不放在眼里，从来都不屑于与卢杞往来。

为此，卢杞一直怀恨在心，千方百计想要算计杨炎。

正好节度使梁崇义背叛朝廷，发动叛乱，德宗皇帝命淮西节度使李希烈前去讨伐。杨炎认为李希烈为人反复无常，坚决阻止重用李希烈。

但是德宗已经下定了决心，对杨炎说："这件事你就不要管了！"可是，刚直的杨炎并不在意德宗的不快，还是一再表示反对用李希烈，这使本来就对他有点不满的德宗更加生气。

不巧的是，诏命下达之后，正好赶上连日阴雨，李希烈进军迟缓，德宗又是个急性子，于是就找卢杞商量。卢杞便对德宗说："李希烈之所以拖延徘徊，正是因为听说杨炎反对他的缘故，陛下何必为了保全杨炎的面子而影响平定叛军的大事呢？不如暂时免去杨炎宰相的职位，让李希烈放心。等到叛军平定之后，再重新起用杨炎，也没有什么大关系！"

卢杞的这番话看似为朝廷考虑，而且也没有一句伤害杨炎的话，但德宗果然听信了卢杞的话，免去了杨炎的宰相职务。

就这样，一味刚直的杨炎因为不愿与小人交往而莫名其妙地丢掉了相位。

用违背道义、奉迎权势的态度来处世，固然会毁坏名气、丧失气节；但一味刚正不阿，不懂得保护自己、掩藏自己，那么最终受害的就只有自己。所以，我们在想维护自己正直的生活态度的时候，也要学会一点圆滑，学会掩藏自己的锋芒，让别人在你身上找不到话柄。

韩世忠和岳飞、张浚都是宋高宗时抗金名将，高宗因怕这些名将功高盖世，以后难以驯服，所以急于和大金议和。因众将抗金意志坚决，而且在战场上节节胜利，大金在军事上抵御不住岳飞、韩世忠，便在外交上给宋高宗施加压力，说大宋议和没有诚意。

宋高宗听信秦桧的奸计，解除了三人的军权，任命张浚、韩世忠为枢密使，岳飞为枢密副使，用职务上的升迁使三人脱离军队。

后来秦桧因岳飞多次阻挠他与大金议和的奸计，且屡次出言攻击他，心怀怨恨，便罗织罪名把岳飞逮捕入狱，并将其害死于风波亭。

当韩世忠听到岳飞被秦桧害死的消息后，义愤填膺，当面质问秦桧："岳飞究竟所犯何罪？"

秦桧无言以对，支支吾吾地说："岳飞的儿子岳云给部将张宪写信，让张宪要求朝廷派岳飞回军中，话虽不明白，这事件莫须有。"

韩世忠大怒，厉声说道："仅凭'莫须有'三字，何以服天下人心。"拂袖而去。

岳飞死后，韩世忠知道自己也难容于秦桧，便请求解除枢密使的职务，秦桧顺水推舟授他一个闲散的官职。

韩世忠赋闲之后，口不言兵，每天跨驴携酒，泛游西湖，许多人都不知道这是名震天下的韩元帅。

韩世忠的部将旧属路过杭州时，都来拜访老师，韩世宗一律不见，平时也绝不和军中大将通报消息，以免被秦桧罗织罪名。

秦桧害死岳飞后，对韩世忠也是恨之入骨，恨不能把他也一并除去。然而他没想到害死岳飞会引起如此之大的民愤，自己也感到很害怕，又见韩世忠口不言兵，又和军队断绝往来，也不再出言阻挠自己与大金议和的奸计，既无威胁也无妨碍，便放过了他。

韩世忠懂得适时收起自己的锋芒，才得以保身，可见掩藏锋芒的重要。可是现代社会，很多人却不懂得掩藏自己，才华横溢，就可能清高自傲；个性十足，就可能一意孤行，我行我素……当我们从人群里显露出自己的时候，也就意味着我们被人群孤立了。所以，与其一个人承受众多人的压力和指责，不如圆滑一点、低调一点，在角落里静静地实现自己的梦想，过自由自在的生活。

第二节
有一种人生境界叫弯曲

你见过参天大树的根往上长的吗

柳树、杨树各有各的美，只是千万不要做圣诞树，表面浮华，却没有根基，一推就倒下了。

通常，老一辈人会告诉我们，第一份工作对于一个人的影响是最大的，在第一份工作中形成的思维习惯以及做事的方法，会不自觉地带到以后的工作中。这就是根基对于人们的影响。

在生活中，我们也有很深刻的体会：小时候学习写字，如果一直不认真，没有把字写好，那么长大了再想将字练好，就不容易实现了，因为小时候的握笔姿势如果不正确，长大了要想改正过来，也有一定的难度。我们的思维是存在惯性的，习惯更是难以改变。所以，在开始打根基的时候，我们就应该全力以赴，争取做到最好。虽然这样的要求在尚未形成习惯的时候有点苛刻，可是等我们突破了那些难关后，我们就会发现，当初的痛苦给以后的生活带来了很多意想不到的效益。

一位音乐系的学生走进练习室，在钢琴上，摆着一份全新的乐谱。"超高难度……"他翻着乐谱，喃喃自语，感觉自己对弹奏钢琴的信心似乎跌到谷底。已经 3 个月了！自从跟了这位新的指导教授之后，不知道为什么教授要以这种方式教学。勉强打起精神，他开始用自己的十指奋战、奋战、奋战……琴音盖住了教室外面教授走来的脚步声。

指导教授是个极其有名的音乐大师，授课的第一天，他给自己的学生一份新乐谱："试试看吧！"他说。乐谱的难度颇高，学生弹得生涩僵滞、错误百出。"还不成熟，回去好好练习！"教授在下课时，如此叮嘱学生。

学生练习了一个星期，第三周上课时正准备让教授验收，没想到教授又给他一份难度更高的乐谱，"试试看吧！"上星期的课教授也没提。学生再次挣扎于更高难度的技巧挑战。第二周，更难的乐谱又出现了。同样的情形持续着，学生每次在课堂上都被一份新的乐谱所困扰，然后把它带回去练习，接着再回到课堂上，重新面临双倍难度的乐谱，却怎么都追不上进度，一点也没有因为上周的练习而有驾轻就熟的感觉。学生感到越来越不安、沮丧和气馁。

教授走进练习室。学生再也忍不住了，他必须向教授提出这3个月来为何不断折磨自己的质疑。教授没开口，他抽出最早的那份乐谱，交给了学生。"弹奏吧！"他以坚定的目光望着学生。

不可思议的事情发生了，连学生自己都惊讶万分，他居然可以将这首曲子弹奏得如此美妙、如此精湛！教授又让学生试了第二堂课的乐谱，学生依然呈现出超高水准的表现……演奏结束后，学生怔怔地望着老师，说不出话来。

"如果，我任由你表现最擅长的部分，可能你还在练习最早的那份乐谱，就不会达到现在这样的水平。只有打好根基，你才能做得更好。"教授缓缓地说。

如果从开始的时候就放任自己，也许那个学生到最后也只会弹奏他比较熟悉的曲目，而不会有更大的作为。由此可见，根基对于一个人的成长来说是非常重要的。

参天大树必然有深厚的根基，人也是如此，只有根基深厚，才能承受更多的风雨。但是现在很多年轻人都非常浮躁，他们对于成功有着过度的热情，所以没有办法安下心来为自己打基础。

我们常常能听到这样的话：怎么就没有星探发现我呢？如果能接拍一部电影，我也许就出名了，之后就不用再这样辛苦地生活了；为什么我就不能中一注百万大奖呢……喜欢幻想，渴望财富，却不愿意脚踏实地去努力，如果一直这样，我们不但不能得到自己想要的东西，反而会让自己已经拥有的也一点点流失。

年华易逝，青春一去不复返，与其把大好的时光都浪费在不切实际的幻想当中，不如安心学习、安心工作，给自己打好根基，然后找准时机，将自己所有的潜质都发挥出来。只有这样，我们才能离成功更近，那些对于生活的美好幻想才有可能实现。

水满则溢，过犹不及

水满了就会溢出来，事情做过头了，就和没有做够一样，因此一个人无论做什么事，都要持盈若亏。

有一回，孔子带领弟子们在鲁桓公的庙堂里参观，看到一个特别容易倾斜翻倒的器物。孔子围着它转了好几圈，左看看，右看看，还用手摸摸、转动转动，却始终拿不准它究竟是干什么用的。于是，就问守庙的人："这是什么器物？"

守庙的人回答说："这是君王放在座位右边警戒自己的器皿。"

孔子恍然大悟，说："我听说过这种器物。它什么也不装时就倾斜，装物适量就端端正正，装满了就翻倒。君王把它当作自己最好的警戒物，所以总放在座位旁边。"

孔子回头对弟子说："把水倒进去，试验一下。"

子路去取了水，慢慢地往里倒。刚倒一点儿水，它还是倾斜的；倒了适量的水，它就正立；装满水，松开手后，它又翻了，多余的水都洒了出来。孔子慨叹说："哎呀，我明白了，哪有装满了却不倒的东西呢！"

子路走上前去，说："请问先生，有保持满而不倒的方法吗？"

孔子不慌不忙地说："聪明睿智，用愚笨来调节；功盖天下，用退让来调节；威猛无比，用怯弱来调节；富甲四海，用谦恭来调节。这就是损抑过分，达到适中状态的方法。"

子路听得连连点头，接着又刨根究底地问道："古时候的帝王除了在座位旁边放置这种鼓器警示自己外，还采取什么措施来防止自己的行为过火呢？"

孔子侃侃而谈："上天生了老百姓又定下他们的国君，让他治理老百姓，不让他们失去天性。有了国君又为他设置辅佐，让辅佐的人教导、保护他，不让他做事过分。因此，天子有公，诸侯有卿，卿设置侧室之官，大夫有副手，士人有朋友，平民、工、商，乃至干杂役的皂隶、放牛马的牧童，都有亲近的人来相互辅佐。有功劳就奖赏，有错误就纠正，有患难就救援，有过失就更改。自天子以下，人各有父兄子弟，来观察、补救他的得失。太史记载史册，乐师写作诗歌，乐工诵读箴谏，大夫规劝开导，士传话，平民提建议，商人在市场上议论，各种工匠呈献技艺。各种身份的人用不同的方式进行劝谏，从而使国君不至于骑在老百姓头上任意妄为，放纵他的邪恶。"

子路仍然穷追不舍地问："先生，您能不能举出个具体的人物来？"

孔子回答道："卫武公就是一个最典型的人物。他九十五岁时，曾对全国下令：'从卿以下的各级官吏，只要是拿着国家的俸禄、正在官位上的，不要认为我昏庸老朽就丢开我不管，一定要不断地训诫、开导我。我乘车时，护卫在旁边的警卫人员应规劝我；我在朝堂上时，应让我看前代的典章制度；我伏案工作时，应设置座右铭来提醒我；我在寝宫休息时，左右侍从人员应告诫我；我处理政务时，应有瞽、史之类的人开导我；我闲居无事时，应让我听听百工的讽谏。'他时常用这些话来警策自己，使自己的言行不至于走极端。"

孔子还曾在一段评论弟子的话中谈到如何把握处世的度的问题：

子张是颛孙师，子夏是卜商，两人都是孔子的得意弟子。

有一次，孔子的弟子子贡在跟孔子谈论师兄弟们的性格及优劣时，忽然向孔子提了个问题："先生，子张与子夏两人哪一个更好些呢？"

孔子想了一会儿，说："子张过头了，子夏没有达到标准。过头了和没有达到标准一样，都是没有掌握好分寸的表现。"

水满了就会溢出来，事情做过头了，就和没有做够一样。因此一个人无论做什么事，都要持盈若亏。要注意调节自己，使自己的一言一行能够恰到好处，既不要过分，也不要达不到标准。

凹凸人生：凹为什么总排在凸的前面

人生的风景线总是有起有伏、有高有低，但是只有首先经历低谷，我们才能更加懂得成功的喜悦；只有先处于洼地，我们才会更加珍惜高处的凉爽。

有人说，人生如水，水有逆流，也有顺流，所以人生有欢乐也有痛苦，人生少不了波澜壮阔，亦会起伏跌宕，没有谁永远都是一帆风顺的；有人说，人生如画，在涉世未深时，我们都是阅读观画的读者，而经过了风雨，辨别了事物，我们又变成书中的主角，各自演绎着精彩；人生又如棋，一步紧扣一步，稍有不慎，满盘皆输。

人生的意境到底是什么，很难说清楚，似乎什么东西都和人生有某种程度的契合，而无论什么东西又都不能完全概括出人生的复杂曲折。但是在人生的众多比喻中，最新颖也最独特的大概就是两个字"凹凸"。人们也常常会用"凹凸"这两个字来形容自己的生活，但为什么"凹"总在"凸"的前面呢？想要弄清楚其中的原因，我们首先应该看到这两个字字面上的含义。

"凹"，从字面上看，就是"口"字深陷下去。它就像一个海底，海的表面波涛汹涌，无风三尺浪，原来在这波涛汹涌的海下面却是一"凹"到底的诡秘，还蓄藏着一股吸引人们游到深海一探究竟的力量。虽然海会让人却步，但是也让人可以扬起风帆，乘风破浪、激流勇进。"凹"字也像一个低谷，看上去会让人摔到谷底，爬不出来，可是所有人都会经历跌倒再爬起来的磨炼，从这个意义上来说，"凹"更代表着一种坎坷。经历过坎坷的人总会更加成熟和稳重，不再是一朵温室里的花，不知道艰辛痛苦，也看不见外面世界的精彩纷呈，独自一个人顾影自怜。

"凹"放大说来，更是人生的一种态度。从字形上看，"凹"字恰好就是头部埋下去的样子，这正好代表了一种人生的态度。持有这种人生态度的人不会飞扬跋扈、对他人颐指气使，也不会哗众取宠、想在人面前出尽风头。他也不会是王熙凤、杨修、祢衡，他不会把自己的小聪明、小成绩拿出来炫耀显示，也不会说花言巧语哄得他人开心，他只是埋着头做自己的事情，有成绩也有赞誉，可是他们不以此为满足。

相对于凹字，"凸"是"口"字突出来，它就像平地里的一棵树，枝叶繁茂，让人一眼就能看到，被它吸引；它又像一座大山，挺拔险峻，让人忍不住想去征服。它代表一种昂扬的态度，积极进取。"凸"字又好像卓尔不凡，想不甘平凡和渴望获得成功的形态。可是有时候树越大，越会招来大风，而山越险峻，人们越想把山踩在脚下。

"凸"放大来说，也对应着一种人生态度，那就是要"出人头地"、要"鹤立鸡群"的心态。这种心态会让人拼命奋斗，挤破脑袋去过一座独木桥。有时候，这种心态也很容易演变成骄傲和不择手段，或者带着些许的虚荣。总有一些人为了显示自己的卓越，不遗余力地卖弄自己的学识，为了证明自己比别人优秀，他也总会戴着有色眼镜看别人，挑别人的缺点来证明自己的优点。也许他们没有刻意卖弄或者炫耀，是靠自己的努力做到比别人出色，可是一旦走到了高处，总会不自觉地得意忘形起来。

"凹"与"凸"，连接在一起，就组成了人生的风景线，有崎岖有平坦，有低谷有高潮，有谦虚也有骄傲。"凹""凸"可以互补，"凹""凸"可以组成一个完整的矩形，方方正正没有间隙。回到开始的问题：既然"凹""凸"互补，为什么"凹"排在"凸"的前面？

也许，我们心中已经有了答案。"凸"教我们积极进取，教我们保存一颗昂扬向上的心，教我们把自己打造成出众的鸟，让人对你过目难忘。而"凹"教我们学会低头做人，不要做一只出头鸟，也不要做一只早起的虫子，因为出头鸟被枪打，早起的虫子被鸟吃。"凹"还教我们不要做一棵孤立的大树，因为树大招风，在没有足够的实力之前，也许大风会把我们连根拔起。如果不懂得"凹"，只会"凸"，我们会很快被打压下去，甚至丢了性命。所以，如果人生想要更平安、更顺利一些，我们必须在学会"凸"之前，先学会"凹"。

流入大海的河流会转弯

做人要学会灵活变通。在现实生活中，任何事物的发展都不是一条直线。

从地图上看，很多河流都是曲折地流向入海口。黄河中游像一个大大的"几"字形，长江就像"L"和"W"的连接体。通常情况下，我们认为，复杂的地形使得河流绝对不可能沿着直线方向一直向前流动，这是最常见的原因之一。但就是在宽阔的平原地区，河流也总是弯弯曲曲的，这是为什么？因为只有弯曲，才能保存自己的实力，延伸自己、壮大自己，最终找到通向大海的路。

我们的生命也是如此。每一天，我们都在盘旋中前进，在遇到阻碍的时候，就要学会弯曲。其实，有时候弯曲并不是一种妥协，而是一种柔韧，是一种在挫折之中保存实力的生存法则。但是，很多时候我们总是喜欢直路，即使为此要付出超常的代价，也不愿选择弯曲。

米洛斯岛居于地中海心脏地区，它的地理位置具有十分重要的战略意义，斯巴达最初统治了米洛斯。后来雅典强大起来，慢慢地成为地中海的主宰，雅典想利用米洛斯重要的地理位置来扩张实力，就决定与米洛斯结盟，共同对付斯巴达，但是米洛斯人拒绝与雅典结盟。

雅典一怒之下，决定攻打米洛斯。在发动全面攻击之前，雅典派使节前去劝服米洛斯人投降。但米洛斯不肯投降，他们出于对斯巴达的友情，坚信斯巴达人不会坐视不管。雅典使节警告他们：保守又现实的斯巴达民族是绝对不会帮助米洛斯的，抵抗只能导致更多的损失。

雅典人说："弃暗投明是明智者最好的选择，我们提供的条件是很合理的，屈服于希腊这样伟大的城邦，应该是一种荣耀，而不是耻辱。"但是，米洛斯还是拒绝了雅典的提议。

果然不出雅典人所料，在雅典军队入侵米洛斯的斗争中，斯巴达果然没有伸出援助之手。在雅典的猛烈攻击下，米洛斯人最后选择了投降。为了惩罚米洛斯人，雅典人将米洛斯族所有男子处死，女人和小孩卖为奴隶。

弱小的势力如果能够正确地把握自己，就可以成为强大的势力。与雅典结盟对米洛斯人却大有好处，但他们却错过了这样的机会。

面对别人的欺压，人们往往选择用反抗来对付。但有些时候，反抗的后果就是损失更大。如果采用忍辱负重的态度对待欺压，弯下腰去，使自己的个子比别人矮一些，就会发现对方将因为你的退让而措手不及，因为他们期待的是你的全力反击。就像下面故事里的高洋，虽然"高洋"同"羔羊"有相同的读音，但是这个高洋却不是一个完全不知反抗的羔羊。

南北朝时期，东魏的高洋尚未称帝时，东魏政权掌握在其兄长高澄的手里。高洋的妻子十分美艳，高澄暗加艳羡，而且心里很是不平。高洋为了不被高澄猜忌，做出一副朴诚木讷的样子，还时常拖着鼻涕嘿嘿傻笑。高澄因此将他视为痴物，从此不再猜忌高洋。

高澄时常调戏高洋的妻子，高洋也假作不知。后来高澄被手下刺杀，高洋为丞相，都督中外诸军，录尚书事，袭封齐王。朝中大臣素来轻视高洋，而这时高洋大会文武，谈笑风生，英姿勃发，与昔日判若两人，顿时令四座皆惊，从此再不敢藐视。高洋篡位后，出政清明，简净宽和，任人以才，驭下以法，内外肃然。

当时西魏大丞相宇文泰听到高洋篡位，借兴义师的名义，进攻北齐。高洋亲自督兵出战，宇文泰见北齐军容严整，不禁叹息道："高欢有这样的儿子，虽死无憾了！"于是引军西还。

虽然现在的生活中已不会发生因为不忍让就轻易丢掉性命的事情，但适时弯曲仍是必需之策。弯曲时更容易看清彼此更多的东西，更有利于沟通和进步，弯曲时能够掩藏实力，才能在伸展开的时候创造奇迹。

有时太能干也是一种痛苦

有时候能干也是一种痛苦，因为你的亮度遮掩了别人的光芒，别人自然失去了前进的动力。而你是孤独、不被人理解的，虽表面光鲜，却要承担常人想不到的痛苦。

年轻人喜欢关注偶像明星，常常会在办公室里谈论娱乐圈里的话题。一天，小乐听闻自己的偶像明星将来北京的消息，就打算请假去机场接机。同事打趣道："这么喜欢他，如果有一天他能成为你男朋友，你不是会高兴死了？"小乐却说："喜欢是喜欢，要是真给我当男朋友，我可不敢要。他太能干了，那么优秀，有这样的男朋友谁能放心啊？与其整天担惊受怕的，还不如远远地看着好呢。"

对于普通人来说太能干常常会给别人一种压力。他们会在太能干的人面前产生自卑，而同样能干的人，又会彼此排挤，所以太能干的人经常是孤独的、不被人理解的，虽然表面上光鲜，却要承担常人想不到的痛苦，经历常人无法承受的责难。

文种和范蠡都是越王勾践身边的红人。勾践平定吴国以后，引兵北上，与齐国、晋国会盟徐州，并且得到周平王的封赏，一时号称霸王。

范蠡虽然是越国的上将军，辅佐越王勾践二十余年，对勾践的雪耻复国屡建奇功，为越王坐上霸主之位立下了汗马功劳，可是他仍然心事重重。一天，大夫文种问他："眼下越国威震天下，号称霸王，你我官至上卿，功名盖世，为何闷闷不乐？"

范蠡苦笑着说："俗语道'飞鸟尽，良弓藏；狡兔死，走狗烹'，大名之下，难于久居！我已决定离开勾践，你也该想想出路……"文种却对范蠡的忧虑毫不在意，说笑了一阵走开了。

第二日，范蠡给越王勾践送上一份辞呈，说："臣闻主忧臣劳，主辱臣死。昔者君王受辱于会稽，臣所以不死，为的是复仇雪耻。今日君王已经达到目的，臣请君王赐死……"

勾践读罢辞呈，气恼地说："难道范蠡不相信寡人？我打算将越国分一半给他，他若是真生疑心，我真要加诛于他！"范蠡心知勾践对自己并非真心实意，早晚要加罪于他，于是偷偷带上宝物珠玉，与心腹亲信乘船从海路逃走……

范蠡在齐国海边落脚之后，改名换姓，自称鸱夷子皮，耕种滩涂，劳身苦作，治理产业，几年工夫就成了当地的首富。齐国大夫听说他的贤名和才能，派人请他去做齐国的相国，可是他谢绝了。范蠡喟然长叹道："居家则致千金，居官则至卿相，此乃布衣之极也。久受尊名不祥……"

范蠡不去当相国，便不宜在此处久居，于是，他又把家财分给知友、乡亲，只带些值钱的珠宝，迁移到陶地，自称为陶朱公。

不久，他又成为当地的富豪，家资巨万，远近闻名。自从范蠡不辞而别以后，文种很觉孤单，又见勾践日夜享乐，不像从前那样敬重自己，有点心灰意懒，常常称病不朝。于是有人向勾践进谗言说："大夫文种自恃有功，倨傲不朝，背地里勾结私党，企图叛乱……"越王勾践于是赐一把宝剑给文种，命令道："你教寡人七种计谋征服吴国，寡人只用其中三种就打败了吴国。还有四种计谋留在你那儿，我命令你去替我死去的先王谋划吧……"文种悔恨地说："这都怪我不听范蠡的劝告啊……"说完，文种便用宝剑了结了自己的生命。

勾践有一句话没有说错，文种确实能干，他的七种计谋勾践只用了三种就打败了吴国，这样的谋略举国难觅。可惜，文种却难逃被赐死的结局。

因为太能干，上司总是害怕他的地位受到冲击，害怕自己的"江山"受到威胁，这就是单位里太能干的员工为什么不受欢迎的原因。所以，在生活中，如果我们具有超乎常人的本领，也要学会低调，学会假装平庸，只有这样才能让自己免受排挤，才能顺利地发展自己的事业。

有一种人生境界叫弯曲

在与强劲的对手交锋时，迂回的手段高明、精到与否，往往是能否在较短的时间内由被动转为主动的关键。

任何事物的发展都不是一条直线，聪明人能看到直中之曲和曲中之直，并不失时机地把握事物迂回发展的规律，通过迂回前进，达到既定的目标。

顺治元年（1644 年），清王朝迁都北京以后，摄政王多尔衮便着手进行武力统一全国的战略部署。当时的军事形势是：农民军李自成部和张献忠部共有兵力四十余万；刚建立起来的南明弘光政权，汇集江淮以南各镇兵力，也不下五十万人，并雄踞长江天险；而清军不过二十万人。如果在辽阔的中原腹地同诸多对手作战，清军兵力明显不足。况且迁都之初，人心不稳，弄不好会造成顾此失彼的局面。

多尔衮审时度势，采取了以迂为直的策略，先怀柔南明政权，集中力量攻击农民军。南明当局果然放松了对清的警惕，不但不再抵抗清兵，反而派使臣携带大量金银财物，到北京与清政府谈判，向清求和。这样一来，多尔衮在政治上、军事上都取得了主动地位。顺治元年七月，多尔衮对农民军的进攻取得了很大进展，后方亦趋稳固。此时，多尔衮认为最后消灭明朝的时机已经到来，于是，发起了对南明的进攻。当清军在南方的高压政策和暴行受阻时，多尔衮又施以迂为直之术，派明朝降将、汉人大学士洪承畴招抚江南。顺治五年，多尔衮以他的谋略和气魄，基本上完成了清朝在全国的统治。

绕圈的策略，十分讲究迂回的手段。特别是在与强劲的对手交锋时，迂回的手段高明、精到与否，往往是能否在较短的时间内由被动转为主动的关键。

美国当代著名企业家李·艾柯卡在担任克莱斯勒汽车公司总裁时，为了争取到 10 亿美元的国家贷款来解公司之困，他在正面进攻的同时，采用了迂回包抄的办法。一方面，他向政府提出了一个现实的问题，即如果克莱斯勒公司破产，将有 60 万左右的人失业，第一年政府就要为这些人支出 27 亿美元的失业保险金和社会福利开销，政府到底是愿意支出这 27 亿，还是愿意借出 10 亿极有可能收回的贷款？另一方面，对那些可能投反对票的国会议员们，艾柯卡吩咐手下为每个议员开列一份清单，单上列出该议员所在选区所有同克莱斯勒有经济往来的代销商、供应商的名字，并附有一份万一克莱斯勒公司倒闭，将在其选区产生的经济后果的分析报告，以此暗示议员们，若他们投反对票，因克莱斯勒公司倒闭而失业的选民将怨恨他们，由此也将危及他们的议员席位。

这一招果然很灵，一些原先激烈反对向克莱斯勒公司贷款的议员闭了口。最后，国会通过了由政府支持克莱斯勒公司 15 亿美元的提案，比原来要求的多了 5 亿美元。

俗话说："变则通，通则久。"所以，在一些暂时没有办法解决的事情面前，我们应该学着变通，不能死钻牛角尖，此路不通就换条路。有更好的机会就赶快抓住，不能一条路走到黑，生活不是一成不变的，有时候我们转过身，就会突然发现，原来我们的身后也藏着机遇，只是当时我们赶路太急，把那些美好的事物给忽略掉了。

得意时不可忘形

得意时更要注意自己的言行，只有在言辞上低调，才能更好地保护自己。

有这样一则寓言：

一只野兔被老鹰捉住了，害怕得大哭大叫。这时，一只乌鸦飞了过来，得意忘形地对野兔说："你平时不是跑得挺快吗，这次怎么不跑了？看，还是我们有翅膀的好啊。"接着便大谈自己翅膀的好处，说到忘情处，还手舞足蹈起来。正在这时，另一只老鹰突然飞下来捉住了它，它将落得和野兔一样的命运了。野兔在断气之时，对乌鸦说："啊，你方才还在为自己的平安而得意忘形，现在你也该哀叹和我有着同样不幸的命运了。"

乌鸦的悲剧可以引起人们的反思。一个人事业有成，或加官晋爵之时，当然是应该值得庆贺的，但这种庆贺也应保持适当的尺度，绝不能得意忘形。特别是在言辞上，那种"上嘴唇顶天，下嘴唇顶地"的高谈阔论，还是少一些为妙，因为在你的身边还有一些失意的人，你的张扬会引起他们的心态失衡，有时会激起他们做出一些超出自己能力控制范围的事情，以至于给你带来不必要的麻烦。在失意的朋友面前，更要注意自己的言行了，只有在言辞上低调，才能融入朋友，从而更好地保护自己。

得意忘形而使自己身败名裂的人物不只现在，古代也有许多。三国时期，蜀国的大将魏延就是一个典型代表。

在蜀国的全盛时期，魏延也算是一员猛将，但在"五虎将"面前还算不了什么。经过东征西伐，"五虎将"相继死去，魏延就成了无人能敌的战将，他也由此有了值得骄傲的资本。此间他不但被封为南郑侯，还被称为征西大将军。但魏延并不像诸葛亮那样为蜀国大业鞠躬尽瘁和竭尽忠诚，而是想自图霸业。他当时的心态已膨胀得不能自控，觉得他已经是天下第一高人，无人能与其匹敌了，于是他得意忘形起来。

当姜维斥责他说："反贼魏延！丞相不曾亏你，今日如何背反？"魏延横刀勒马而言："伯约，不干你事。只教杨仪来！"杨仪在门旗影里，拆开锦囊视之，如此如此。杨仪大喜，轻骑而出，立马阵前，手指魏延而笑曰："丞相在日，知汝久后必反，教我提备，今果应其言。汝敢在马上连叫三声'谁敢杀我'，便是真大丈夫，吾就献汉中城池与汝。"魏延大笑："杨仪匹夫听着！若孔明在日，吾尚惧他三分；他今已亡，天下谁敢敌我？休道连叫三声，便叫三万声，亦有何难！"遂提刀按辔，于马上大叫："谁敢杀我？"一声未毕，脑后一人厉声而应曰："吾敢杀汝！"手起刀落，斩魏延于马下。众皆骇然。斩魏延者，乃马岱也。原来孔明临终之时，授马岱以密计，只待魏延叫时，便出其不意斩之。当日，杨仪读罢锦囊计策，已知伏下马岱在魏延身边，故依计而行，果然杀了魏延。

踌躇满志、春风得意，是人人向往的人生境界。但是得意却不可忘形，如果被一时的得意冲昏了头脑，就会故步自封、停滞不前。要随时保持清醒的头脑，懂得时刻反省自己，这样才能顺利一生。

一个人心里再怎么得意，也必须加以节制，否则，自己的心意就很容易被对方猜透。喜怒形于色，易于冲动，思想偏激，就会歪曲我们的判断，使我们因失控而幼稚、肤浅。

在人生与交际中，得意忘形，乃是人生之大忌讳。凡事心里有底，嘴上不声张，这才是能成大事的人。

第三节

低头实干是为了出人头地

叫嚣抵不过低头实干

世界上没有不劳而获的事情，成功无一不是脚踏实地努力的结果。所以，与其总是将精力放在叫嚣上，不如脚踏实地，从最基本的做起。

1864 年，斯德哥尔摩市郊突然爆发出一声震耳欲聋的巨响，滚滚浓烟、火焰霎时冲上天空。当惊恐的人们赶到现场时，只见原来屹立在这里的一座工厂只剩下残垣断壁，火场旁边，站着一位 30 多岁的年轻人，突如其来的惨祸，使他面无血色，浑身不住地颤抖着……

青年眼睁睁地看着自己所创建的硝化甘油炸药实验工厂化为了灰烬。人们从瓦砾中找出了 5 具尸体，4 人是他的亲密助手，而另一个是他在大学读书的小弟弟。5 具烧得焦烂的尸体，令人惨不忍睹。青年的母亲得知小儿子惨死的噩耗，悲痛欲绝。年迈的父亲因受刺激而引发脑溢血，从此半身瘫痪。

事后，警察局立即封锁了爆炸现场，并严禁青年重建自己的工厂。人们像躲避瘟神一样避开他，再也没有人愿意出租土地让他进行如此危险的实验。但是，困境并没有使青年退缩，几天以后，人们发现在远离市区的马拉仑湖上出现了一艘巨大的平底驳船，驳船上并没有装什么货物，而是装满了各种设备，青年正全神贯注地进行实验。

他就是后来闻名于世的诺贝尔。一次又一次的失败之后，他终于发明了雷管。雷管的发明是爆炸学上的一项重大突破，随着当时许多欧洲国家工业化进程的加快，开矿山、修铁路、凿隧道、挖运河等都需要炸药。于是，人们又开始亲近诺贝尔。他把实验室从船上搬迁到斯德哥尔摩附近的温尔维特，正式建立了第一座硝化甘油工厂。接着，他又在德国的汉堡等地建立了炸药公司。一时间，诺贝尔的炸药成了抢手货。

做事低调踏实的人懂得成功需要辛勤的汗水来浇灌的道理，所以他们会用自己的勤奋去实现自己的目标。同样的人物还有俄国化学家门捷列夫。

很长一段时期，门捷列夫全身心地投入到化学元素的有关排列问题的研究中。一次，在紧张工作了 3 天 3 夜之后，他由于过度疲劳睡着了，竟在梦中见到了一张他日思夜想的元素周期表，通过这个梦，他成功地解决了困扰多时的元素排列问题。

后来，有记者采访他，要他讲述他是如何通过做梦而获得成功的。记者的提问，引起他的不满，他说："什么，你认为我的发现只是梦中几个小时的成果吗？你知道之前我付出了多少个日夜、多少心血进行研究吗？"

门捷列夫对待工作的态度说明，成功不是偶然得来的，如果没有艰苦的努力，不管有怎样美妙的梦想、怎样美好的构思，都难以获得成功。

只有努力工作才是获得成功的捷径。看准了的事情，如果不论在什么情况下都能脚踏实地一步一个脚印地去实干，就有可能取得成功。

只有脚踏实地努力去做，才能够把事情做好。如果不愿意做最基础的事情，一心只想着一步登天，那样的人，是无法获得成功的。

世界上没有不劳而获的事情，成功无一不是脚踏实地努力的结果。所以，与其总是将精力放在叫嚣上，不如脚踏实地，从最基本的做起。

如果你想成就一番伟业，在确立你远大的目标之后，静下心来，认认真真、脚踏实地开始你的行程吧！在通往成功的路上，我们不要梦想一步登天，如果基础不扎实，我们的成功就是海市蜃楼。

反击别人不如充实自己

当我们遭到冷遇时，不必沮丧，不必愤恨，唯有尽全力赢得成功，才是最好的反击。

有时候，白眼、冷遇、嘲讽会让弱者低头走开，但对强者而言，这也是另一种幸运和动力。所以美国人常开玩笑说，正是因为负面的刺激，才造就了杜鲁门总统。

在高中毕业班时，查理·罗斯是最受老师喜爱的学生之一。他的英文老师布朗小姐，年轻漂亮，富有吸引力，是校园里最受学生欢迎的老师之一。同学们都知道查理深得布朗小姐的青睐，他们在背后笑他说，查理将来若不成为一个人物，布朗小姐是不会原谅他的。

在毕业典礼上，当查理走上台去领取毕业证书时，受人爱戴的布朗小姐站起身来，当众吻了一下查理，给他出人意料的祝贺。当时，本以为会发生哄笑、骚动，结果却是一片静默和沮丧。

许多毕业生，尤其是男孩子们，对布朗小姐这样不怕难为情地公开表示自己的偏爱感到愤恨。不错，查理作为学生代表在毕业典礼上致告别词，也曾担任过学生年刊的主编，还曾是"老师的宝贝"，但这就足以使他获得如此之高的荣耀吗？典礼过后，有几个男生包围了布朗小姐，为首的一个质问她为什么如此明显地冷落别的学生。

"查理是靠自己的努力赢得了我特别的赏识，如果你们有出色的表现，我也会吻你们的。"布朗小姐微笑着说。男孩们得到了些安慰，查理却感到了更大的压力。他已经引起了别人的嫉妒，并成为少数学生攻击的目标，他决心毕业后一定要用自己的行动证明自己值得布朗小姐报之一吻。毕业之后的几年内，他异常勤奋，先进入了报界，后来终于大有作为，被杜鲁门总统任命为白宫负责出版事务的首席秘书。

当然，查理被挑选担任这一职务也并非偶然。原来，在毕业典礼后带领男生包围布朗小姐，并告诉她自己感到受冷落的那个男孩子正是杜鲁门本人。

查理就职后的第一件事，就是接通布朗小姐的电话，向她转述美国总统的问话："您还记得我未曾获得的那个吻吗？我现在所做的能够得到您的赏识吗？"

生活中，当我们遭到冷遇时，不必沮丧，不必愤恨，唯有尽全力赢得成功，才是最好的反击。当有人刺激了我们的自尊心，伤害到我们时，与其强烈地批驳别人，不如思考自己什么地方还需要完善。

有个喜欢与人争辩的学者，在研究过辩论术，听过无数场辩论，并关注它们的影响之后，得出了一个结论：世上只有一个方法能从争辩中得到最大的利益——那就是停止争辩。你最好避免争辩，就像避免战争或毒蛇那样。

这个结论告诉我们：反击别人不如充实自我。争辩中的赢不是真赢，它带来的只是暂时的胜利和口头的快感，它会使他人不满，影响你与他人之间的关系，更重要的是，在争辩中失利的人不会发自内心地承认自己的失败，所以你的说服和辩论是徒劳无功的，无助于事情的解决。

有一种人，反应快，口才好，心思灵敏，在生活或工作中和别人有利益或意见的冲突时，往往能充分发挥辩才，把对方辩得哑口无言。可是，我们为什么一定要与对方辩论到底以证明是他错了？这么做除了让我们得到一时的快意之外还有什么呢？这样能使他喜欢我们，或是能让我们签订合同？事实并非如此，要想拥有良好的人际关系，要想使自己在事业上游刃有余，在朋友中广受欢迎，在家庭中和睦相处，我们最好不要试图通过争辩去赢得口头上的胜利。

反击别人，除了互相伤害以外，我们不会得到任何好处。这是因为，就算我们将对方驳得体无完肤、一无是处，那又怎样？即使他表面上不得不承认我们胜了，但他心里会从此埋下怨恨的种子。所以，还不如用反击别人的时间来充实自我。

别输给自己的精神

生活中，很多事情我们越是想要逃避越是逃脱不了：父母生活在社会的底层，不能成为我们强有力的靠山，我们要赚钱贴补家用；我们没有过人的才华，不懂得为人处世的技巧，在办公室里，我们要小心翼翼地做人，唯恐一时失言把别人得罪了；我们没有漂亮的脸蛋、魔鬼的身材，走在人群当中，我们不知道该用怎样的资本去昂首挺胸，展露属于自己的那份自信……

一个人无论面对怎样的环境，面对再大的困难，都不能放弃自己的信念，放弃对生活的热爱。很多时候，打败自己的不是外部环境，而是我们自己。

只要一息尚存，我们就要追求、奋斗。那么，即便遭遇再大的困难，我们都能化解、克服，并于逆风之处扶摇直上，做到"人在低处也飞扬"。

现今，日本广为传颂着一个动人的小故事：

许多年前，一个妙龄少女来到东京酒店当服务员。这是她的第一份工作，因此她很激动，暗下决心：一定要好好干！她想不到：上司安排她洗厕所！

洗厕所！说实话没人爱干，何况她从未干过粗重的活儿。她陷入了困惑、苦恼之中，也哭过鼻子。

这时，她面临着人生的一大抉择：是继续干下去，还是另谋职业？继续干下去——太难了！另谋职业——知难而退？她不甘心就这样败下阵来，因为她曾下过的决心：人生第一步一定要走好，马虎不得！

这时，公司一位前辈及时出现在她面前，帮她摆脱了困惑、苦恼，帮她迈好人生的第一步，更重要的是帮她认清了人生路应该如何走。但他并没有用空洞理论去说教，只是亲自做给她看。

首先，他一遍遍地抹洗着马桶，直到抹洗得光洁如新；然后，他从马桶里盛了一杯水，一饮而尽！实际行动胜过千言万语，他不用一言一语就告诉了少女一个极为朴素、极为简单的道理：对自己负责的事情，要以最高的标准来严格要求。

同时，他送给她一个含蓄的、富有深意的微笑，送给她关注的、鼓励的目光。这已经够了，因为她早已激动得几乎不能自持，从身体到灵魂都在震颤。她目瞪口呆，热泪盈眶，恍然大悟，她痛下决心："就算一生洗厕所，也要做一名洗厕所洗得最出色的人！"

从此，她成为一个全新的、振奋的人；从此，她的工作质量也达到了那位前辈的高水平，当然她也多次喝过马桶水，为了检验自己的自信心，为了证实自己的工作质量，也为了强化自己的敬业心。

她就是日本前邮政大臣——野田圣子。

野田圣子坚定不移的人生信念，表现为她强烈的敬业心："就算一生洗厕所，也要做一名洗厕所最出色的人。"这一点就是她成功的奥秘；这一点使她几十年来一直奋进在成功路上；这一点使她从卑微中逐渐崛起，直至拥有成功的人生。

人生之中，无论我们处于何种在他人看来卑微的境地，我们都不应自暴自弃，只要渴望崛起的信念尚存，只要我们能坚定不移地笑对生活，那么，我们一定能为自己开创一个辉煌美好的未来！

不要走得太快，否则灵魂就跟不上了

当我们一直在赶路的时候，我们的灵魂就会跟不上我们的脚步。所以，不懂得休息的人，就不会在思索中学习到更多。

为了生活，我们总是忙忙碌碌，精神绷紧，没有放松的时候。一直以来，我们以为生活就应该是这样过的，因为如果你停下来，就可能影响到正常的工作，就可能耽误很多重要的事情，可是如果我们能够静下心来想一想，就会发现，虽然我们一直在忙碌，可是工作效率并没有提高，我们一直在努力，可是生活水平还是定格在原位。这是为什么呢？

因为过于忙碌，自己的精力已经没有办法完成高强度的劳作，效率自然会下降。所以，即使是耗费了更多的时间，我们也没有办法收获更多。我们的经验是在工作的过程中累积起来的，可是因为我们没有时间去思索，所以很多事情发生以后并没有给我们促进作用，而是增加了我们的负担。面对生活，并不是每天都在不停忙碌就能够有好的效果。只有懂得停下来休息，懂得放松，我们才能更好地去工作、去学习。

一队西方人到非洲神秘的原始森林里探险考察，请当地土著人做向导。当地的自然条件非常恶劣，土著人也极为贫穷，食物匮乏，且常常衣不遮体，在这样恶劣的生存条件下，他们磨炼出极能吃苦耐劳的品性。而给考察队当向导这种薪水相对较为丰厚的工作机会可不是常有的。

几个土著向导带着考察队出发了，一路上，土著人不但要负重前行，还要时时手持砍刀在密林里砍伐藤条树枝。这样辛苦地赶了3天的路后，到了第4天，几个土著向导却说什么也不愿再往前走一步了，他们要求原地休息。那些日程安排得极为缜密的急待探险的西方人弄不清楚是哪里出了问题，询问之下，得到了土著人严肃的回答：一定要休息一天，因为他们匆匆忙忙地赶了3天的路，他们的灵魂一定赶不上他们的脚步，所以有必要停下来，等待他们的灵魂追赶上来。

没错，当我们一直在赶路的时候，我们的灵魂就会跟不上我们的脚步。所以，不懂得休息的人，就不会在思索中学习到更多。我们每个人都应该明白：不是我们一直在努力就能够创造出更多的价值，不是我们创造出的数量多就能够创造出最大的财富，而是应该让心沉下来，让心去创造和收获。

某次笔会上，有一位女作家的邻座是一位匈牙利年轻的男作家。女作家衣着简朴，沉默寡言。男作家瞥了她一眼，认为她只是一个不入流的作家而已。于是，他带着一种居高临下的语气问：

"请问小姐，你是专业作家吗？"

"是的，先生。"

"那么，你有什么大作发表吗？能否让我拜读一两部？"

"我只是写写小说而已，谈不上什么大作。"

男作家更加证明自己的判断了，他得意地说："你也是写小说的，那么我们算是同行了。我已经出版了339部小说，请问你出版了几部？""我只写了一部。"男作家的神情极为不屑："噢，你只写了一本小说。那能否告诉我这本小说叫什么名字？""《飘》。"女作家平静地说。

那位狂妄的男作家顿时目瞪口呆。

女作家的名字叫玛格丽特·米切尔，她一生只写了一部小说。如今，我们都知道她的名字，并且敬慕她，但那位自称出版了339部小说的作家的名字，已经无从查考了。

不能单单凭借数量去评估一个人的人生，一生只要能够做好一件事，这辈子就没有白过，人们就会记着你，它也会成就你。一辈子如果做了许多可有可无的事，不能专注一件事，其实对于生命而言，那只不过是在原地转圈而已。

我们的灵魂在远处飘忽不定，它找不到回家的路，只剩下物质的躯壳在这人世间漫无目的地游荡，我们感到迷茫、彷徨，没有方向感，所以我们不要走得太快，每当迷失自我的时候，不妨停下匆忙的脚步，让迷失的灵魂赶上来，给我们以指点。

或许我们都需要放慢脚步，看一看这个世界的美好。朋友们，不要走得太快，否则连自己的灵魂也跟不上了。

无论在哪个时代，阿甘都是能获得成功的人

我妈妈说，要将上帝给你的恩赐发挥到极限。

——阿甘（电影《阿甘正传》）

电影《阿甘正传》影片中的男主角名叫阿甘。他从小就是

一个行动不便的男孩，准确说他是有点残疾。他的母亲曾经到处为他找学校，却无人愿意接收他，原因在于他是个智商被告知只有 70 分——一个远低于正常人的分数，连上小学都显得十分困难。

但是后来阿甘的表现让我们每位观众都为之感动。他凭借执著、善良、守诺、勇敢的个性，一度成为美国人民心中的英雄。虽然不可思议，但是傻傻的阿甘却做什么什么成功：长跑、打乒乓球、捕虾，甚至爱情。最后，他成为一名成功的企业家。而那些比他聪明的同学、战友却没有获得成功。阿甘经常会说这样一句话："我妈妈说，要将上帝给你的恩赐发挥到极限。"这说明了一种成功的理念，那就是必须将个人的潜能发挥到极限。

阿甘之所以会成功，从某种意义上说，拜赐于他不懂得计算输赢得失。无论遇到什么事情，在怎样的遭遇之下，他唯一能做的就是坚持，认真地做、傻傻地执行。这种精神，正是当前社会职场中所必需的。

通常情况下，企业里缺的不是"聪明人"，而是像阿甘那样的"傻子"。聪明人遇到问题总是怨公司、骂上司，算计着要有一分收获才肯一分耕耘，没多少收获便不肯耕耘了。每个决策、每个命令，都要看自己有多少得益、有多少损失，如果不划算，便"上有政策，下有对策"。殊不知，很多事情前期是十分耕耘，三分收获，后期才是三分耕耘，十分收获。

阿甘成功的方法只有一个，那就是不计成本地努力。他成功的秘诀就在于他的执著。

很多人往往以智商来决定一个人聪明与否，但再聪明的人也有其短处，再笨的人也有其特长。例如阿甘虽然智商低，可他跑得很快、会吹口琴、会打桌球、会养虾，可见凡事都是学习而来的，只要肯花功夫学，一定会在某一领域有所成就。我们或许都比阿甘聪明，可是我们却往往不能够专注于一件事上，虽然做了很多事，却常常失败。阿甘知道自己的不足，但是他比别人专心，因此他成功了。

多年以来，人们一直以为高智商可以决定高成就，其实，人一生的成就至多只有20％归功于智商，另外80％则受情商因素的影响。所谓20％与80％并不是一个绝对的比例，它只是表明，情感、智商在人生成就中起着不可忽视的作用。尽管智商的作用不可或缺，但过去把它的作用估量得太高了。

与社会交往能力差、性格孤僻的高智商者相比，那些能够敏锐了解他人情绪、善于控制自己情绪的人，更可能找到自己想要的工作，也更可能取得成功。

心理学家霍华·嘉纳说："一个人最后在社会上占据什么位置，绝大部分取决于非智力因素。"许多材料显示，情商较高的人在人生各个领域都占尽优势，无论是谈恋爱、人际关系，还是在主宰个人命运等方面，其成功的机会都比较大。

在生活中，我们也会遇到这样的情形：许多人在校时成绩很好，毕业后却碌碌无为。他们经常抱怨与人难以相处，得不到上司的赏识，在生活中处处碰壁，有些人甚至心态失衡而走上歧途，究其原因也是情商低。而一些在校时成绩平平，被认为智商一般的学生，毕业后却如鱼得水，成为领导者。他们能适应周围环境，抓住机遇。更重要的是，他们善于把握和调整自己的情绪，善于把握和适应领导者的愿望和要求，善于处理自己周围的人事关系，因而他们成功了。

由此可见，当今时代仍然需要阿甘这样的人，具有阿甘品质的人是注定会走向成功的。

付出与得到间的系数永远不会是零

为人处世，不可算计得那么清楚，不要因为别人没给你笑脸，你也就冷面对他。

《红楼梦》中的平儿，是王熙凤的心腹和左右手。她始终注意为自己留余地、留退路，没有犯王熙凤所说的"心里头只有我，一概没有别人"的错误，更不像王熙凤那样把事做绝。

平儿对下人从不盛气凌人，而是经常私下进行安抚，加以保护。一方面缓和化解了众人与王熙凤的矛盾，另一方面顺势做了好人，使众人在王熙凤和她的对比之中，对她更有感激之情，为自己留出了余地和退路。王熙凤死后，大观园一片败落，本是王熙凤"党羽"的平儿却多次获得众人帮助渡过难关，终得好回报。

平儿的结局告诉人们一个道理：付出总会有回报。为人处世，不可算计得那么清楚，不要因为别人没给你笑脸，你也就冷面对他。要时时处处为自己留下可以周旋的余地，否则，走到山穷水尽处，掉头就不容易。正如常言所说："过头饭不可吃，过头话不可讲。"

只是付出与回报之间并不是完全相等的。有时候付出很多，并不一定立即收获很多。

在生活中，很多人害怕受伤，害怕自己的付出得不到回报，所以不敢去关心别人，与别人交往。即使是在自闭的情况下也难免会受伤，可是他们会觉得，因为没有付出过，所以伤痛会轻一些，心里会好过一些。其实，这个世界上还是善良多过邪恶的。

印度"圣雄"甘地在行驶的火车上，不小心把刚买的新鞋弄掉了一只，周围的人都为他惋惜。不料甘地立即把另一只鞋从窗口扔了出去，这让人大吃一惊。甘地解释道："这一只鞋无论多么昂贵，对我来说也没有用了，如果有谁捡到一双鞋，说不定还能穿呢！"

虽然不知道谁能够得到这双鞋，可是当我们付出的时候，总会有人获得。如果因为自己的一点付出就让别人感受到很大的快乐，我们何乐而不为呢？

也许在思考问题的时候，我们总是习惯于从自身出发，希望从一件事情中获得，而不愿意付出。可是，如果我们每个人都去索取而不愿意付出，那么我们又将从何处索取呢？

快乐是我们所有人共同搭建的，所以我们应该想办法贡献自己的力量，而不是只想着获得。

也许很多人觉得付出一定要牺牲很大的代价，对自己的伤害一定会很大。其实完全不是这样的，我们一个不经意的眼神，就可能给别人带来温暖；我们一个顺手的动作，都可能给别人带来很大的方便。当我们帮助了别人的时候，别人一定会记住我们的好，在我们有危难时，他们一定会热心地向我们伸出援助之手。

有奋斗，就会犯错误

在未知的道路上，谁都不是神算子，可以预测前方会发生什么，所以犯错是不可避免的。

在追求理想的过程中，我们常常会犯下各种各样的错误。很多人害怕犯错，所以不管做什么事情都畏首畏尾。也有一些人，虽然没有回避错误的发生，可是在承担错误引发的后果时，如果再受到失败的打击或者别人的责难，就会陷入悲观的浪潮，觉得自己一点能力都没有，眼前的生活也失去了希望。

其实，我们根本就不用那么悲观。在未知的道路上，谁都不是神算子，可以预测前方会发生什么，所以犯错是不可避免的。犯了错误并不可怕，只要我们积极面对，吸取教训，我们就会从中得到很多宝贵的经验。

一位农场主因为年迈，把他的农场交给一位外号叫"老错"的手下管理。

农场里有位堆草垛高手心里很不服气，因为他从来都没有把"老错"放在眼里。他想，全农场哪个能够像我那样，一举挑杆子，草垛便像中了魔似的不偏不倚地落到预想的位置上？回想"老错"刚进农场那会儿，连杆子都拿不稳，掉得满地都是草垛，有的甚至还砸在自己的头上，非常可笑。等他学会了堆草，又去学割草，留下歪歪斜斜高高低低的一片；别人睡觉了，他半夜里去马房，观察一匹病马，说是要学学怎样给马治病。为了这些古怪的念头，"老错"出尽了洋相，不然怎么叫他"老错"呢？

农场主知道堆草高手的心思，邀请他到家里喝茶聊天。"你可爱的宝宝还好吗？平时都由他们的妈妈照顾吧？"高手点点头，看得出来他很喜欢他的孩子。老人又说："如果孩子的妈妈有事离开，孩子又哭又闹怎么办呢？""当然得由我来管他们了。孩子刚出生那阵子我真是手忙脚乱，不过现在好多了。"高手说。

老人叹了一口气，说："当父母可不易哦。随着孩子渐渐长大，你需要考虑的事情越来越多，不管你是否愿意，因为你是父亲。对我来说，这个农场也就是我的孩子，早年我也是什么都不懂，但我可以学。也经过了很多次的失败，就像'老错'那样，经常遭到别人的嘲笑。"

话说到这个节骨眼上，这位堆草高手似乎领会了老人的用意，神情中露出愧色。

人生没有十全十美，所以犯错误是每个人都必须经过的路，所以不要畏惧错误。

有人说：成功，就是无数个"错误"的堆积，这样的说法渐渐得到了人们的认同。无论做任何事情，都难免犯错，正是这些错误给了我们许多有益的经验，成功就是由错误堆积起来的。当我们的错误达到一定程度，我们就不会再犯错误，直至成功。所以面对错误，最重要的是敢于改正错误，总有一天你会取得成功。

认真但不较真

在生活中，我们应该有认真的态度，可是认真不代表较真，不代表你凡事都要问个究竟，凡事都说个明白。

两千多年前，雅典政治家伯利克里曾经说过一句忠言："请注意啊！先生们，我们太多地纠缠于一些小事了！"这句话，对今天的人们来说仍然值得品味和借鉴。

我们每天都可能遇到各种各样的小事：挤公共汽车时，有人不小心踩了你的脚；买菜时，有人无意间弄脏了你的裙子；走在路上，可能不巧从道旁楼上落下一个纸团，正打在你头上……受了委屈，忍一忍就过去了，可是，如果我们揪住这些小事不放，口出伤人，大发雷霆，就一定会给自己惹出很多不必要的事端。

20世纪80年代末，某地曾经发生过这样一件事：有一个年轻女子在看电影时，被后面的男观众无意间碰了一下脚，尽管男观众当时就道歉了，但那名女子仍然不依不饶。她硬说对方是要耍流氓，竟然回家叫来丈夫将那个人用刀砍伤才解气。结果，因触犯刑律，夫妻俩双双锒铛入狱。

在小事上斤斤计较，常常成为损害人际关系的一大诱因。这种事不仅在平常人中屡见不鲜，就是在一些卓有成就的名人中也时有发生。俗话说"祸从口出"，人们常常会犯把话说满的错误。话说得太满，一般会导致两种后果：一是听者不服，故意找碴儿使绊儿；二是自己没有回旋的余地，搬起石头砸自己的脚。无论哪种，都不是好结果。在这方面还要学学纪晓岚。

清朝乾隆年间，纪晓岚任左都御史时，员外郎海升的妻子吴雅氏死于非命，海升的内弟贵宁，状告海升将他姐姐殴打致死，海升却说吴雅氏是自缢而亡。案子越闹越大，皇上就派左都御史纪晓岚来审理此案。

纪晓岚接过这桩案子，也感到很头痛。因为牵扯到阿桂和和珅。他俩都是大学士兼军机大臣，并且两人有矛盾，长期明争暗斗。海升是阿桂的亲戚，原判又逢迎阿桂，纪晓岚敢推翻吗？

而贵宁之所以告不赢不肯罢休实际是得到了和珅的暗中支持，和珅的目的是想借机除掉位居他上头的军机首席大臣阿桂。打开棺材，纪晓岚等人一同验看。看来看去，纪晓岚看死尸并无缢死的痕迹，心中明白，口中不说，他要先听听大家的意见。

众大臣看过后，都说脖子上有伤痕，显然是缢死的。纪晓岚有了主意，于是说道："我眼神不好，有无伤痕也看不太清，似有也似无，既然诸公看得清楚，那就这么定吧。"于是，纪晓岚与差来验尸的官员，一同签名具奏："共同检验伤痕，实系缢死。"这下把贵宁激怒了。他这次连步军统领衙门、刑部、都察院一块儿告，说因为海升是阿桂的亲戚，这些官员有意维护，徇私舞弊，断案不公。

乾隆看贵宁不服，也对案情产生了怀疑，又派人复验。这回问题出来了：吴雅氏尸身并无缢痕。乾隆心想这事与阿桂关系很大，便派阿桂、和珅会同刑部堂官及原验、复验堂官，一同检验。这回终于真相大白：吴雅氏被殴而死。于是审讯海升，海升见再也隐瞒不住，只好供出实情：他将吴雅氏殴踢致死，然后制造自缢的伪象。

乾隆一怒之下发出诏谕："此案原验、复验之堂官，竟因海升系阿桂姻亲，胆敢有意维护，此番而不严加惩戒，又将何以用人？何以行政？"阿桂革职留任，罚俸五年；叶成额、李阁、庆兴等人革职，发配伊犁效力赎罪，皇上在谕旨中一一判明。唯独对纪晓岚，谕旨中这样写道："朕派出之纪昀，本系无用腐儒，原不足具数，况且他于刑名等件素非诸悉，且目系短视，于检验时未能详悉阅看，即以刑部堂官随同附和，其咎尚有可原，著交部议严加论处。"只对他做了革职留任的处分，不久又官复原职。

纪晓岚在这个案件中之所以得到皇上的原谅，主要是他在验尸中以"我眼神不好""看不太清"为由，给自己留了退路。

在生活中，我们应该有认真的态度，可是认真不代表较真，不代表我们凡事都要问个究竟，凡事都说个明白。无法做明确决定时，注意使用"模糊语言"，这样才能为自己赢得主动。对于某些难以回答而又不好回避的问题，不妨含糊其辞，以给自己留有余地。

第四章

圆融处世，成就大业

第一节

圆融为人，圆转涉世

做人要多铺路少砌墙

在危险和困难面前，圆通者的办法似乎永远都比别人多，那只是因为，在此之前，他们已经尽量多地做了"铺路"的工作了。尽可能多地为自己想条退路，多条出路。"铺路"的反面是"砌墙"。"砌墙"就是堵住了一条去路。为人处世总是需要一定的生存空间，"铺路"就好比打通了这一空间和其他空间的连接，使我们随时可以过渡到其他空间去；而"砌墙"则恰好相反，它是堵住了这种联系，生存的空间会随之越来越少。为了让我们生存的空间越来越大，而不是束缚我们，最好是多"铺路"少"砌墙"。

在现实生活中，给人恩惠，多交朋友，至少是不轻易得罪人，就是"铺路"；而动不动就得罪别人，从不肯原谅他人，甚至主动侵犯别人，都是"砌墙"的不当行为。当然，"铺路"是难免要付出一定的代价的，但是这些代价是值得的。当你感到自己的利益被侵害时、自己不被尊重时，不要轻易动气。

战国时，齐国孟尝君田文在薛邑，大量延揽各诸侯国的宾客以及各国犯罪逃亡的人，最盛之时，门下食客达三千余人之多。孟尝君宁肯舍弃家业也要给他们丰厚的待遇，因此使天下的贤士无不倾心向往。每当接待宾客时，孟尝君总是在屏风后安排侍史，让他记录孟尝君与宾客的谈话内容，记载所问宾客亲戚的住处。宾客刚刚离开，孟尝君就已派使者到宾客亲戚家里抚慰问候，献上礼物。有一次，孟尝君招待宾客吃晚饭，有个人遮住了灯光，那个宾客很恼火，认为饭食的质量肯定不相等，放下碗筷就要辞别而去。孟尝君马上站起来，亲自端着自己的饭食与他的相比，那个宾客惭愧得无地自容，就以刎颈自杀表示谢罪。为此，天下贤士们大都情愿归附孟尝君。而孟尝君对于来到门下的宾客都热情接纳，不挑拣，无亲疏，一律给予优厚的待遇。

当然，作为当时最为深谋远虑的政治人物之一，孟尝君这么做当然并不是因为他天生就乐善好施。他这么做，是因为门客们对他来说大有用处，在各种危难的时候，他们总是能够为他排忧解难。齐愍王二十五年（公元前299年），齐王派孟尝君到秦国，秦昭王把孟尝君囚禁起来，并图谋杀掉孟尝君。孟尝君派人去见昭王的宠妾请求解救。秦王宠妾答应帮助，但以得到孟尝君的白色狐皮裘为条件。孟尝君来的时候带有一件价值千金的白色狐皮裘，但后来却献给了昭王，天下已没有第二件。孟尝君为这件事发愁，问遍了宾客，大家都无计可施。这时，有一位会披狗皮盗东西的人毛遂自荐，当夜化装成狗，钻入了秦宫中的仓库，取出献给昭王的那件白狐裘，拿回来献给了昭王的宠妾。宠妾得到白狐裘后，替孟尝君向昭王说情，昭王便释放了孟尝君。

孟尝君获释后，立即乘快车逃出城关，夜半时分到了函谷关。昭王开始后悔放了孟尝君，于是派人驾上传车飞奔而去追捕他。按照秦法规定，只有鸡叫时才能放人出关。孟尝君焦急万分，这时，宾客中又有个会学鸡叫的人，他一学鸡叫，附近的鸡随着一齐叫了起来，孟尝君便立即逃出了函谷关。当初，孟尝君把这两个人安排在宾客中的时候，其他宾客都耻于和他俩为伍，而这时，偏偏是靠着这俩人解救了他。

就连这些"鸡鸣狗盗"之徒都被孟尝君收在门下，可以想象孟尝君构想之细。但事实证明，他们的确发挥了自己的作用。为着这样的目的，孟尝君对待那些大有才能之士自然更加器重。

孟尝君门下曾有一个很有才能的门客与他的爱姬私通。有人劝孟尝君杀了此人。不料孟尝君听后毫不生气，不但没有责备惩罚那位好色的门客，反而将这名姬妾赐予门客为妻。一年后，孟尝君又对门客说："你与我相交已非一日，但没能做到大官，给你小官你又不要。我与卫国国君的关系甚好，现在把你介绍给他，并且给你足够的车、马、布帛、珍玩，希望你能跟随卫国国君认真办事。"门客到了卫国之后，卫国国君十分器重他。没过多久，齐、卫两国关系开始恶化，卫国国君想联合天下诸侯一起攻打齐国。那个门客听说这一消息后，连忙劝说卫国国君取消这个打算，并且对他说："如果您不听我的劝告，认为我是一个不仁不义的人，那么我立刻撞死在您面前。"卫国国君见这人如此忠义，便听从了他的劝告，而齐国则因为孟尝君对门客的恩惠而避免了一场灾难。

冯谖是门客中较为"怪异"但具有突出才能的一位。一开始，他在孟尝君门下一年多时间里，几乎没有任何作为。当时孟尝君正做齐相国，由于门客众多，封邑的收入已经不够奉养食客，于是派人到薛地放债收息以补不足。但是放债一年多了，还没收回息钱。有人推荐冯谖，说他好像没有其他的本事，不过看起来能言善辩，正好派去收债。孟尝君于是派冯谖去收债。冯谖在辞别孟尝君时问道："如果收到债了，要买些什么东西回来？"孟尝君曰："你看我家缺什么就买什么吧。"不料冯谖在薛地收息时，假传孟尝君的命令，为无力还款的老百姓免去了债务，并把契据都烧毁了，这一举动，使得孟尝君在薛地颇得民心。这样，冯谖就在薛地百姓中埋下了感恩于孟尝君的种子，换得民心，功德无量。孟尝君听到冯谖烧毁契据的消息，当时十分恼怒，但虽然心里不快，也没有责怪冯谖。

又过了一年，有人在齐愍王面前诋毁孟尝君，愍王借故罢其相位。孟尝君罢相后返回自己的封地，距离薛邑还有百里，百姓们就早已扶老携幼，在路旁迎接孟尝君。孟尝君此时才知道冯谖焚契买义收德的用意。出于对孟尝君政治地位还不巩固的考虑，冯谖对孟尝君进言说，狡兔有三窟，现在您只有一窟，也就是只能做到勉强自保，并且说愿意为他"复凿二窟"。孟尝君于是给他五十辆车，五百斤黄金去游说秦国。冯谖一番游说，加上秦王也久闻孟尝君的贤名，于是立即派出使节，以千斤黄金、百乘马车去聘孟尝君来本国担任相位。秦国使者接连跑了三趟，可孟尝君坚决推辞不就。冯谖诱使秦王珍重、竞争孟尝君，引起了齐王的高度重视，抬升了孟尝君的价值。齐王连忙派遣太傅带"黄金千金、文车二驷、服剑一、封书"等物，非常隆重地向孟尝君谢罪，希望孟尝君可以不计前嫌，重任相位。冯谖劝孟尝君趁机索取先王的祭器，在薛地建立宗庙。这样，冯谖就为孟尝君凿好了三窟。

冯谖有先见之明，知道当权者需要眼光长远，而不局限于当前，这样才能长久。他为孟尝君所凿的"三窟"，可以说为他以后铺了很多条平坦的道路。其实，这何尝不是孟尝君自己的真实写照呢？他大纳门客，善待门客，能容忍门客对自己的无礼和暂时"无用"，甚至饶恕别人对自己姬妾的非礼。而他之所以这么做，其实就是在为自己"铺路"，只不过他所用的方法是"广施仁义"而已。事实上，他的确获得了丰厚的回报——正因为他铺路的成功，史书说在孟尝君做齐国相国的几十年时间里，几乎没有遭遇任何真正的灾难，而这在诸候混战的战国时期是难上加难的。

坚守信念，不在意他人的评说

如果一个人能不理睬他人的风言冷语，那么他完全可以塑造出正面的自我形象来。那些脸皮薄、心肠软的人，在试图实现任何理想的过程中，总是对这个过程中第三方的评价心存疑虑，因此做事难免缚手缚脚、顾三顾四。这样行动起来，本来可以直接达到目标的路径，却因有所顾忌而放弃，因此就平添了许多麻烦，反而不易实现自己的理想。那些对别人的责难和非议无动于衷者能够把别人的评价放在一旁，拒绝接受任何人试图强加于他头上的道德限制。更加重要的是，他们不会因为其他的扰乱因素而改变自己的行动计划，也从不怀疑自己的能力和价值。对待别人的讥讽、嘲笑、辱骂，以及任何其他涉及到自己尊严和脸面方面的问题皆不在意，一心一意地朝着自己心里想的去做，所以他们往往更容易步入成功人士的行列。

晏子是春秋后期一位重要的政治家，他以有政治远见和外交才能、作风朴素闻名诸侯。他爱国忧民，敢于直谏，博闻强识，善于辞令，主张以礼治国，在诸侯和百姓中享有极高的声誉。还在未做国相时，齐景公曾命晏子去治理东阿。晏子满怀热情地准备去那里大展宏图。然而，三年之后，向朝廷告状的人越来越多，景公非常恼怒，他将晏子招了回来，要罢免他的官职。

晏子知道自己备受争议，但为了自己能够继续施展才能，于是非常谦卑地对齐景公说："臣已知错，但请大王能再给臣三年的时间，那时，人们必定会说好话了。"景公见他十分诚恳，好像的确很有把握，便答应了他的请求，仍旧让他治理东阿。这样，三年很快又过去了，景公果然很少再听到对晏子不满的声音，都是一些盛赞他的话。景公十分高兴，于是召晏子入朝，打算予以嘉赏。不料晏子却诚惶诚恐地表示不敢接受。

齐景公感到很奇怪，就问晏子究竟是什么原因。晏子回答说："第一次我去东阿的时候，让人修筑道路，还施行有利于百姓的各种措施，坏人便责备我；我主张节俭勤劳，尊老爱幼，惩治偷盗无赖，无赖便怨恨我；权贵犯法，我也严加惩治，毫不宽恕，权贵们嫉恨我；我身边的人如果有触犯法度的行为，我也惩罚他们，周围的人责骂我。这些对我的恶语中伤四处传扬，甚至有人还在背后诬告我。这样，您认为我的确做错了。第二次，我就改变了做法。我不让人们修路，拖延实施利民措施，坏人就高兴了；我并不再提倡节俭勤劳、尊老爱幼，还释放那些鸡鸣狗盗之徒，无赖们也开心起来；权贵们犯法，我并不依法惩治而予以偏袒，权贵们开始奉迎我了；周围的人无论有什么要求，即便是违背法度的事情，我也有求必应，因此，周围的人也满意了。于是，这些人又到处颂扬我，您也就信以为真了。三年前，您要处罚我，其实我应该受赏；现在，您要封赏我，但其实我该受罚。"

齐景公听后，恍然大悟，知道晏子是一位有德有才的良臣，于是立刻拜他为相，并把治理全国的重任都交给他。自此以后，凡是有对晏子不利的言论，齐景公一概不予理会。后来，在晏子的治理下，齐国终于实力大增，成为争霸天下的强国之一。

同样是在春秋时期，当时南方小国——越国国王的勾践，在春秋末期崛起，成为春秋五霸之一。越王勾践在政治上的成功，可谓得来不易。在以王为尊的古代，一个国家的命运往往系于国王一人的素质，而勾践就正好具有这样的素质。

周敬王二十三年（公元前497年）勾践即位，时值楚国联越制吴，吴、越冲突初起，而越国实力很弱。周敬王二十六年（公元前494年），勾践闻吴王夫差日夜练兵欲攻越，于是采取主动先伐吴国。吴王夫差亲率精兵击越，两军大战，越国惨败于吴，勾践不得已，纳大臣范蠡委曲求全、以退为进之谋，卑辞厚礼以求和，并向夫差请求称臣纳贡。夫差同意罢兵赦越，但要勾践夫妇到吴国为他服役。

勾践将国内事情托付给文种等大臣，只带着夫人和范蠡去吴。勾践五年（公元前492年）五月，勾践一行抵达吴都。吴王夫差有意羞辱他，要他住在夫差之父阖闾坟前的一个小石屋里守坟喂马，有时骑马出门时，还故意要他牵马在国人面前走过。勾践丝毫不曾反抗，却只忍辱负重，自称贱臣，对吴王执礼极恭，吃粗粮、睡马房、服苦役，任劳任怨。服役三年，无论受到什么样的羞辱，他也从来不生气，也从不表现出憎恨吴王。他始终小心伺候夫差，做到百依百顺，其忠心之程度，甚至胜过夫差手下的仆役。夫差生病的时候，勾践前去问候，甚至还掀开马桶盖观察夫差刚拉的大便，以此关心夫差的病情。三年漫长的时间终于过去，由于尽心服侍，勾践博得夫差的欢心，再加上夫差大臣伯不时接受文种派人所送之礼而在夫差前为勾践说好话，使得夫差认为勾践已真心臣服，于是决定放勾践夫妇和范蠡回国。勾践七年（公元前 490 年），勾践归国后，卧薪尝胆，苦心焦思，发愤图强，富民兴国。在范蠡、文种辅佐下，励精图治，经"十年生聚，十年教训"，发展实力，最后终于灭掉吴国，一血前耻，并最终成为霸主。

　　一般人以自己的尊严和荣誉为最大的利益，宁折不屈是他们的做人准则。但是真正会圆融处世的人，根本不会受到别人的影响，即使在面对别人的侮辱和嘲笑的时候，也能以一颗平常心对待。晏子的高明之处是，他并不急于替自己辩解，笑骂由人，而是用行动来告诉齐景公，不管是执政还是用人，都要挡得住那一些风言冷语，也要能够分辨是非真假。在这方面，齐景公也是聪明人，一点就通，这样才能真心诚意地任用晏子为相，使齐国强大起来。勾践身为一国国君，其尊严不可谓不高，但是却要放下身段去服侍吴王，想尽一切办法取悦他，不用说国君的尊严，就连作为一个普通人的尊严也已经丧失殆尽。然而，尽管在长达 3 年的时间内，受尽了各种屈辱，勾践却仍然能够把尊严放一边，忍辱负重，终于得到吴王的信任，最后得以完成自己的夙愿。如果他没有足够强大的信念的话，恐怕在复国之前就早已身亡灭国，更遑论成为霸主之一了。

全面塑造自己的成功形象

　　没有人天生就比周围的人有更加耀眼的光芒，因此，我们必须学习如何让自己像一块磁铁一样，能够牢牢地吸引住众人的目光。一个人在别人心目中的形象如何，有时候并不是这个人本身怎么样，而是自己表现的结果。因此，在为人处世的过程中，我们要让自己的名字和声誉附着上一种与众不同的品质，必须全面塑造自己的成功形象。一旦这种形象确立了，我们就能在为人处世中受到别人的欢迎和尊敬，进而更加轻易地获得真正的成功。

甘茂在秦国失势，呆不下去了，自秦国逃出，准备到齐国去。出了函谷关，途中遇见苏代，当时苏代正替齐国出使秦国。甘茂对他说："您听说江上女子的故事吗？"苏代说："没有。"甘茂说："在江上的众多女子中，有一个家贫无烛的女子。其他女子一起商量，要把这位女子赶走。她准备离去，但在临行之前，还是对赶她走的女子们说：'因为没有蜡烛，所以我常常最先到达，一到之后便开始打扫屋子，铺席子。你们又何必怜惜照在四壁上的那一点蜡烛的余光呢？赐一点余光给我，对你们又有什么妨碍呢？我对你们还是有用的，为什么一定要赶我走呢？'女子们认为她说的对，就把她留下来了。现在，我也同样陷入窘境，但我同样愿意为您打扫屋子，铺席子，希望您不要把我赶走。我的妻子儿女还在齐国，也希望您拿点余光救济他们。"

苏代应承下来，出使到秦国。任务完成后，苏代趁机对秦王说："甘茂是个贤能的人，在秦国曾受到惠王、武王、昭王等几朝重用。而且，秦国的各处险阻要冲，由崤山、函谷关直至溪谷，他无不了如指掌。万一他通过齐国，联合韩、魏，反过来图谋秦国，这将对秦国很不利。"秦王说："那当如何？"苏代说："您不如备上厚礼，再以高位聘其回国。他如果来了，就把他软禁在槐谷，老死在那里，这样，秦国也就没有什么危险了。"秦王说："好。"于是给甘茂以上卿的高位，派人拿了相印到齐国去迎接他。甘茂推辞不去。

苏代回到齐国后，对齐王说："甘茂是个贤能的人，秦王许诺他上卿的高位，还派人拿相印来迎接他，但他却因为感激您的恩德而不去秦国，其实他是想做大王的臣子，因此，如果不对他加以挽留，他一定不会再感激大王。以甘茂之才，如果让他统帅强秦的军队，秦国可就难以对付了。"齐王说："好。"于是，赐甘茂为上卿，让他留在齐国。

15世纪末，哥伦布的远洋航行和发现新大陆，是世界历史上具有深远历史意义的事件。1451年哥伦布生于意大利的热那亚。青年时代，他就对航海和来往于地中海之上的商船发生了浓厚的兴趣，并且想要从事这种伟大的事业。于是，他开始寻找资金赞助他的航行。尽管当时的封建贵族都急于想发现和占有新的土地和财富，需要有航海家来帮助他们达到这样的目的，但是哥伦布的父亲只是一个纺织匠，他在青年时代也没有受到过多少正规教育，因此他毫不具备这样的条件。不过，为了达到自己的理想，哥伦布编造出具有高贵血统的谎言，宣称自己是君士坦丁堡某位皇帝的直系子孙，并且表现得仿佛真是贵族后代一般。他度过了一段不值一提的商人生涯之后，开始定居于里斯本，后来，他利用编造出来的高贵出身，和里斯本有头有脸，且与葡萄牙王室关系非比寻常的家族联姻。

通过联姻，哥伦布成功地让葡萄牙国王若昂二世和他会面，并且向他提出赞助他航行的请求，但遭到了拒绝。

几年后，哥伦布移居西班牙，并且运用他在葡萄牙的关系迅速进入了西班牙的上层圈子，接受著名金融家的津贴，与大公和亲王参加宴会。后来，他渐渐发现能够满足自己的需求的人是伊莎贝拉王后。1487年之后，哥伦布和王后经常会晤，尽管他没有说服她资助自己航行，但却完全迷倒了她，成为她王宫中的常客。

1492年，伊莎贝拉终于答应哥伦布的请求，出资提供哥伦布3艘船、航海设备、水手的薪水，同时也付给哥伦布适当的津贴。更加重要的是，除了拒绝给予他发现地收益10%的要求之外，她签署合约答应了哥伦布坚持的头衔和其他所有权利。于是，哥伦布雇佣了当时最好的航海员，并于该年年底启程。尽管第一次寻找航线的任务失败了，但是第二年，他再度请求王后资助时，王后又同意了。因为那时，她已经把哥伦布视做英雄般的人物了。

人的命运有升有落，在落魄的时候，也可以改变命运，但是不仅要吃苦，还要像甘茂一样多动脑筋，跑关系，找门路，充分利用自己的经验和优势，闯出生机来。甘茂自己失势，却能够假借他人之口，让自己的身价陡然上升，创造自己的成功形象，这一招"无中生有"让他"柳暗花明"。

作为一个航海家，哥伦布的航海知识比不上其他水手，但是在如何让别人相信自己这方面，他却是个天才。自始至终，他始终展现出一个贵族和杰出航海家所独有的自信和风度。他一文不名，但是他坚持自己的要求毫不退步，让别人相信自己值得这个身价。在某种程度上，我们自己塑造的成功形象最终决定了我们能够成功。

明哲保身，不要轻易得罪小人

有很多小人物，看着虽然不起眼儿，但是却往往能够在关键时刻施展一下手脚，既可能让你功败垂成，也可能使你功成名就。身处不同环境之中，如果你和他们斗，你就会付出很大的代价。所以最好的办法就是不得罪他们，必要的时候向他们做一些让步，给他们一些好处，这样，他们不但不会为难你，而且可能成为你迈向成功的一股力量。当然，此一时彼一时，此时的位卑权轻的小人物也有可能成长为大人物的一天，那时候，你们的实力也发生了对比，而他报复你的能力也将大大提高。

什么是"小人"？首先，他们没有信仰。"小人"从来不信仰什么东西，他们不相信正义、真理，是一群没有正义思想和灵魂的人。其次，他们没有骨气。"小人"的一切行为的终极目的都是为了自己能够捞到最大的好处。因此，只要谁给他好处，他就去巴结谁，对于强暴和强权，他们只是一味地歌颂；对于凌辱，他们也只是逆来顺受。他们对待权势者呈现出奴才嘴脸，其目的是获得这个主子的好处。最后，他们没有感情。他们对任何人都不感恩、不报德，而是随时准备出卖和背叛。因此，恩将仇报、落井下石是他们的惯常行为。因为"小人"具有这些特点，所以在斗争中，人们常常会把注意力放在那些有头有脸的大人物身上，常常忽视这些无才无德的"小人"，结果，一旦小人得志，就会使他们栽了跟头翻了船。

西汉高后八年（公元前180年），吕姓诸王被诛，文帝刘恒即位。此时，绛侯周勃为丞相。周勃是西汉的开国功臣，汉初定，各诸侯王的反叛不绝，周勃又成为汉初平乱的主将。在平定诸吕的过程中，他又立有大功。如此功高权重之人，自然为文帝所猜忌。后来，周勃终于被文帝罢免，返回绛县（今山西侯马）家中养老。尽管周勃已经十分谨慎，但还是有人上书诬告周勃企图谋反。文帝本来就对周勃有防范之心，见书后立即诏令廷尉，将周勃捉拿入都，下狱候审。

周勃被人构陷，含冤入狱，心中本来就有怨气。不料，狱吏还常来勒索钱财。小小狱吏竟然敢来勒索前任相国，周勃自然心中愤怒，当然不肯出钱。狱吏没有得到好处，开始虐待周勃，每天给他粗茶淡饭，还经常打骂，态度十分恶劣。周勃无奈，只得拿出钱财，分贿狱吏。狱吏们得到重金，面目立即大改，对周勃的态度转了180度。不但好茶好饭优待，还悄悄给周勃出主意，让他请公主作证。原来周勃的儿媳妇是文帝之女昌平公主，是薄太后的孙女，狱吏们是让他想办法打通薄太后这一关。周勃得到提醒之后，让狱吏帮他加紧运作，并很快让薄太后知道了。

　　薄太后十分了解周勃，认为他是被人诬陷的。于是她去见文帝，并对他说："周勃怎么可能谋反呢？他在当年诛诸吕时，身上挂着皇帝的玉玺，在北军统率军队，不在那时谋反，现在在一个小县里，难道却要谋反吗？"文帝尴尬地说："我已经调查过了，丞相的确没有谋反之意。"于是就将周勃释放了，并且恢复了爵位和封邑。出狱后，周勃想起此次的遭遇，不由得百感交集："我曾统兵百万，没想到狱吏对我这么重要。"

　　大唐诸宰相中，最丑的莫过于唐德宗时期的卢杞。据史书记载，卢杞"体陋甚，鬼貌蓝色"，就是说卢杞长得丑极了。这样的相貌，让人看了觉得狰狞可怖。

　　如此丑陋不堪的卢杞是怎样爬上相位的呢？一是，他是忠烈之后。卢杞的祖父卢怀慎，也当过宰相，而且一心为国，清廉无比。他的父亲卢弈则更加值得一提。安史之乱中，安禄山攻陷东都洛阳时，卢弈手下的属吏纷纷作鸟兽散，他却身穿朝服，镇定自若地坐在衙门里。被叛军抓起来要处死时，他仍从容地数落安禄山的罪恶，骂安禄山不绝而死。卢弈因此而名列《忠义传》。不过，祖荫只是其中小部分原因，更加重要的原因是，卢杞自身非常的努力。卢杞长得很丑，又无才学，却很有心机，又极有口才。唐德宗用人失察，只凭口才取人。因此，机缘巧合，巧言令色的卢杞才被昏聩的唐德宗相中。

　　如果说卢杞相貌已经极为丑陋，那么他的内心世界的丑恶则有过之而无不及。卢杞心胸极为狭窄，在政治上是一个狡诈的奸臣，在品德上则是一个十足的小人。他对于得罪过自己的人，不置之死地决不罢休。在他当副宰相的时候，宰相是杨炎。杨炎一表人才，又很有学问。杨炎心高气傲，打心眼里瞧不起这个长相丑陋而且又无才学的副宰相，因此常常找借口不和卢杞一起进餐。卢杞为此记恨在心，处心积虑地中伤杨炎，最后终于把杨炎从宰相的位置上拉了下来，自己当上宰相后，又千方百计地诬陷杨炎，最后把他害死才肯罢休。

在当上宰相后，卢杞开始不择手段地打击朝中的异己。张镒与卢杞同为宰相，但张镒忠直刚正。当他在朝时，常常让卢杞的各种小伎俩难以得逞，卢杞就设法将张镒赶出朝廷。当时，卢龙节度使朱滔谋反，唐德宗因此解除了他的哥哥凤翔节度使的兵权，并物色替代人选。于是，卢杞对皇帝说："凤翔节度使的官职很高，驻守凤翔的将领的官阶也很高，除了派像宰相这样受皇帝信任的重臣外，其余的人谁也统领不了凤翔将士。因此，我愿前往。"见皇帝犹豫，卢杞赶紧补充："陛下一定是认为我长得太丑了，统领不了三军将士吧。那么您看着办吧。"德宗最后派了张镒去，从此朝上只剩下卢杞一人嚣张跋扈。

只把政敌排挤出朝廷，那还算是手下留情，事实上，卢杞更多的是把政敌往死路上送。元老大臣颜真卿，由于敢于揭发卢杞的阴谋，令卢杞十分痛恨。适逢李希烈造反，卢杞便抓住机会。他对皇帝说："李希烈年少气盛，别的人不敢劝说他归顺朝廷。如果派像颜真卿那样名重海内的三朝元老去劝说他，他就会改过自新，朝廷也可以不动干戈。"卢杞这么做，无异于把颜真卿投于虎口。朝廷内外的人都知道卢杞这是公报私仇，但皇帝同意了。最后，颜真卿这位忠直元老，就这样被卢杞假手于李希烈而杀害了。前宰相李揆很有威望，卢杞担心皇帝再用他为相，对自己不利，就劝说皇帝派他出使吐蕃。李揆当时已是七十多岁的人了，连皇帝都觉得不合适，卢杞却振振有词地说："派到吐蕃去的人，应当熟悉朝廷礼仪，因此，非李揆不可。而且，连李揆这么大年纪的人都可以出使吐蕃，日后派比李揆年纪轻的人出使，他们就不敢有什么借口了。"后来，李揆果然死在从吐蕃返回的旅途中。

相对于统兵百万的周勃来说，小小狱吏自然不值一提。但是，如果得罪了他们，他们一样会利用自己手中的那点权力，以合法或不合法的理由对你造成不便。尽管周勃身份高贵，只是一时沦落至监狱，但是他如果坚持不给狱吏好处，那么他不但要继续忍受来自狱吏的各种羞辱和折磨，还会影响到他出狱的快慢，甚至影响到他是否能够出狱。而当他给了狱吏好处之后，他们转而成为一股能给周勃带来帮助的力量。

　　无论是依靠自己三寸不烂之舌，溜须拍马，最终取得功名利禄的手法，还是心胸狭隘、陷害仇敌的卑鄙手段，都反映了卢杞是一个不折不扣的"小人"。在历史上像卢杞一样的人还有很多。这说明在一定的时代条件下，"小人"得志不仅可能，而且很常见。而由于没有信仰、没有原则、没有感情，这些"小人"一旦得志之后，会比那些君子更加仇恨得罪自己的人，也会更加疯狂、不择手段地加以报复。而他们报复起来的能量一定也会很大。这一点从卢杞多次巧言令色劝说唐德宗实行自己的阴谋也可以看出来，这些决策本来是国家大事，却被他三言两语蒙混过关。所以，千万不要轻易得罪"小人"。

牢记"借"字诀，加法成大事

　　"借"，既指借助别人的智慧，也指寻找有用的社会资源。"借"的智慧是一种非常高明的智慧，它能够使一个人的力量变得极为强大，进而成就自己的事业。由于一个人的价值判断、社会历练、人生经验总是受到环境的影响而呈现出不足之处，因此必须从别的地方借用过来。在这个世界上生存，没有人能样样精通，也很少有人能单独完成某一件事情，尤其是一件大事，因此，我们就要大胆地借用别人的智慧，把它们转化为自己的智慧；也要在社会上寻找有用的社会资源，赢得别人的支持，建立自己的关系网。即使自己是平庸的人，只要善于运用"借"字诀，就可以让我们成功，或者更快地成功。

　　黄河经常决口，造成水灾，历朝历代的政府都将治理黄河、堵塞决口当做一件大事来抓。在和黄河水患的斗争之中，锻炼出了一批有丰富经验的水工，北宋庆历年间的高超便是其中的一个。

庆历八年（1048年）六月，黄河在大名府的商胡（今河南濮阳）决口，水势异常迅猛，很长时间也没有堵住。宋仁宗命管理财政的三司度支副使郭申锡亲自去监督修河堵口工程。以往堵决口的经验是，在决口接近合龙的地方，放置一种特殊的大型的堵塞物，叫做合龙门，通常是用木、苇、竹、草等物并杂以碎石、土块捆缚做成，大约有六十步长，好像一个巨大的人工"堤坝"，它被人称为"埽"。郭申锡到任后，依照老方法，即刻命令河工将埽的两头扎上大缆绳，把它置入决口之中。不料却始终无法成功，不是缆绳绷断，就是埽给急流冲走，否则就是压不住水的浮力，埽不能落到河底。一次次努力都失败了，决口却越来越大。

这时，河工中有个叫高超的年轻人，毛遂自荐，说自己有办法。郭申锡听说他识字不多，挖苦说："肚里没几滴墨水，怎会有合龙的好办法？"高超并不管郭申锡的挖苦，说道："六十步的埽太长，所以不易将它压到河底，固定它的缆绳再粗也容易绷断，水流当然也难以截断。如果将埽分为三节，三节之中用绳索联结，就会好很多。在合龙时，先放下第一节，等它压到水底，再依次放下第二、第三节。"

高超说完，郭申锡正在思考，一些经验丰富的老河工纷纷叫道："不妥，不妥。二十步的小埽怎么挡得住河水的冲击、渗透？连用三节也断不了水，反而劳命伤财！"

高超说道："第一节埽压下去，河水当然断不了，但水势必定减杀一半。将第二节埽压下去，只要动用一半的人力，这时河水自然还不能完全截断，但水流明显减缓了。到压下第三节时就等于是在地上施工，便当多了。这时，前两节埽都被浊泥淤塞了缝隙，再也不必花费人力去加工了。"

郭申锡听了双方的争论，觉得还是沿用老经验比较可靠，没有风险，于是，断然否决了高超的新建议而采用了老办法，结果埽不断被冲走，决口也越来越大。当时，河北安抚使贾昌朝认为高超的新法是可行的，便悄悄派了数千人，到黄河下游去打捞郭申锡指挥堵口工程时被流水冲下的埽。拿到了证据，贾昌朝便向朝廷奏了一本。宋仁宗将郭申锡罢了官，而贾昌朝则采纳了高超的新法，很快把决口堵塞住了。

东晋的丞相王导很善于治理国事。西晋灭亡后，东晋在南京建立时，国库空虚，银钱匮乏，只有几千匹不值钱的白绢。为了渡过暂时的难关，王导自己先用白绢做了一件单衣穿在身上，还动员大臣们出门上朝也都穿上这样的衣服。上行下效，江南的人们都争相效仿穿起了这种白绢衣服，使得白绢一时供不应求，价格很快就上涨到了每匹一金的价格，而这时，王导就下令将国库中的白绢全部出手卖掉，因此而得到了好几倍的银钱，政府的府库一下就充实了起来。

实际上，王导一直以来都擅长利用名人的影响力来办事。以前，晋元帝司马睿还只是琅琊王。王导经过判断，认为天下已乱，便有意拥戴司马睿，复兴晋室。他劝司马睿不要住在当时的都城洛阳，回到自己的封国去。但是当司马睿回到建康（今江苏南京）之后，吴地人却并不依附他，过了数月，仍然没有人肯去拜望他。王导苦苦思索，便想到了要借助当地名人的影响力来提高司马睿的威望。

他对当时已有很大势力的堂兄王敦说："琅琊王尽管仁德，但是名声却不大。你在此地很有影响，应该帮帮他。"于是他们约好在三月上巳节伴随司马睿去观看修禊仪式。到了那一天，他们让司马睿乘坐轿子，威仪齐备，他们自己则和众多名臣骁将骑马随从。江南一带的大名士纪瞻、顾荣等人见到这种场面，非常吃惊，于是相继在路上迎拜。

事后，王导又对司马睿说："自古以来，凡能称王天下者，都虚心招揽俊杰。现在天下大乱，要成大业，当务之急便是取得人心。顾荣、贺循二人都是此地名士之首，把他们吸引过来，就不愁其他人不来了。"司马睿听了王导的建议后，就派他亲自登门拜请顾荣、贺循等人，这些人也都欣然应命前来拜见司马睿。结果，因为受他们的影响，吴地士人、百姓从此都慢慢归附了司马睿，正是在此基础上，东晋王朝最终得以建立。

郭申锡因为没有采纳正确的建议而失败，贾昌朝则因为借用了高超的治水智慧而成功；失败和成功，有时候并不在于自己本身有多么高明，而在于是否能够有意识地仔细思考，并且借用别人的智慧。"三人行，必有我师"，任何人身上都有值得我们学习和借鉴的地方。借用别人的智慧来做事，不仅可以把事情做得又快又好，还可以使我们避免主观和武断，这正是无数成功人士的经验。

王导一开始利用人们崇拜名人、追慕时尚的心理，解决了政府的财政困难问题。如果他不这么做，认为自己身居高位，想要用行政手段去销售粗布，甚至是强行募捐钱财，自然就会引起人们的反感，尤其对于一个新生的政权来说，就更是如此，正是因为名人的影响力，才能让他收到圆满的效果。他也善于借用名人的影响力，来帮助司马睿建立权威。

用灵活手段达到目的

处理事情需要一定的灵活性，其手法也要高明。运用灵活的手段，善于变通、迂回应变，能够排除自己举措触及各种人际关系后所产生的负面效应，因此也往往能够更快、更直接地达到自己的目标。

明朝清官海瑞一生清廉，正直不阿，深得百姓爱戴，不过，这并不意味着他不通世事。海瑞曾在淳安县做知县，当时，朝中大奸臣严嵩大权在握，横行天下。严嵩的干儿子鄢懋卿是严嵩最忠实的走狗和最凶恶的爪牙。鄢懋卿经常借巡察之机大肆铺张，明目张胆地敲诈勒索当地官员，单在扬州一地前后就搜刮到几百万两银子。但他经常做一些勤俭朴素的表面文章，为自己装装门面。

　　一次，在经过包括淳安县在内的严州府地界时，鄢懋卿照例表面上明文告示各县，宣称自己生性简朴，令各地官员都要俭朴节约，不要过分奢华。海瑞知道鄢懋卿卑鄙无耻、贪得无厌，也知道他那些用来欺世盗名的花言巧语只不过是表面功夫，所以，他不会像其他官吏一样对他毕恭毕敬，大肆迎接。可是，毕竟鄢懋卿是严嵩的干儿子，硬碰硬自然不行。于是海瑞派人到各地探听鄢懋卿到各地搜刮的钱财，以及各地为了迎接他所花费的财物。然后将各项费用详细列出，报告给鄢懋卿，并说："大人每到一地，各地官员无不借机大肆铺张以逢迎大人，这显然不符合大人向来简朴节俭、不喜逢迎的作风。现在大人就要驾临我县，我们深感为难，如照大人通知上所说的节俭办事，恐获简慢之罪；如像各地官员一样大肆招待，又只怕违背了大人体恤百姓的本意。请大人示下，我们该如何是好？"

　　鄢懋卿见了海瑞的报告，知道他这是有意和自己过不去，心里恨得咬牙切齿，但他知道海瑞清正廉明，弄不好自己难以下台，只好在海瑞的报告上批复说："照正式通知办事。"后来，鄢懋卿怕自讨没趣，干脆绕道而行，没有进入严州地界。

　　有一次，浙直总督胡宗宪的公子路过淳安。由于负责招待的驿吏招待得不好，胡公子大发雷霆，把驿吏倒吊了起来。海瑞接到报告，说："过去胡总督按察巡部，命令所路过的地方不要供应太铺张。现在这个人行装丰盛，一定不是胡公的儿子。"于是他将胡公子扣押，从他的行囊之中搜出了数千两银子，都没收入官库。接着，海瑞再派人报告胡总督，说有人冒充他的儿子，请示应该如何发落。结果弄得胡宗宪哑巴吃黄连，有苦说不出。

背后说人好，莫谈他人非

我们有许多人都有背后议论人是非的习惯，其中大多是"非"——说别人的坏话。这种攻击通常是在与自己的利益无关的前提下说的，于是说人者觉得自己不背负道德意义上的责任，也就放任自己，再加上旁人也有喜欢听的习惯，所以就对自己的这一"恶行"就不加以反思和制止。有个词语叫做"流言"，就是说这话像流水一样会流动，从这张嘴巴流到那只的耳朵里，再从那张嘴巴流到另一个人的耳中。所议论人家的是非早晚会传到被议论者的耳朵。到那时候，得罪了人，就会给自己带来麻烦。

为人处世最为重要的一点是不要讲人家的坏话，要学会运用赞美的技巧。在背后批评他人，说人坏话，这样的效果有时比当面批评当事人还更差，因为他会据此认为你对他的确很有意见，什么时候都在跟他过不去。最好的做法是，即使是在别人背后，也要从正面来评价他，尽可能地赞美他，这么做，有时候还会起到比当面赞美他更好的效果。

贺若弼是隋朝数一数二的名将，他和大将韩擒虎在灭陈战争中功劳最大。灭陈以后，贺若弼更加威望隆重，家有珍玩不可胜数，婢妾曳绮罗者数百，生活奢侈。但他仍不满足，常常为自己的官位比他人低而怨声不断。他经常肆无忌惮地在人前背后表达自己的不满，私下里经常说大臣们的坏话。后来，他官居隋朝右领大将军，骄傲自满，自以为功名在群臣之上，常以宰相自许。既而杨素为右仆射，他却仍然是将军，也更加不平，意见和坏话更多。皇帝忍无可忍，终于在开皇十二年（592年）将他罢官。没想到贺若弼不仅未加收敛，反而怨气愈甚，批评皇帝和大臣的意见越来越多，就被皇帝逮捕下狱了。不过念在他对国有功，不多久也就将他放了。

后来，隋文帝听闻他还在大放厥词，就把他召来，并面责他。这时，贺若弼因言语不慎，已经得罪了不少人，朝中一些公卿大臣都揭发他过去那些对朝廷不敬的话，并声称他罪当处死。贺若弼为自己极力辩解。隋文帝考虑到他劳苦功高，只是把他的官职给撤销了。

隋文帝杨广做太子的时候，曾经问贺若弼说："杨素、韩擒虎、史万岁三人，都号称良将，你觉得他们谁优谁劣?"贺若弼说："杨素是猛将，但不擅谋略；韩擒虎是斗将，但不擅带兵；史万岁是骑将，但还称不上是大将。"杨广又说："那么你认为谁堪称大将?"贺若弼回答说："殿下所选择的才是"。言下之意，只有他贺若弼一人才真正优秀，杨广对他这种评价很为不满，他也更加得罪了他所臧否的这些人物。仁寿四年（604 年），杨广即位，贺若弼就更加被疏远了。

《红楼梦》中有这样的片段：史湘云、薛宝钗等姐妹都劝贾宝玉做官为宦，不要长期沉湎于温柔之乡，让贾宝玉大为反感，于是他对着史湘云和袭人说："林姑娘从来没有说过这些混账话！要是她说这些混账话，我早和她生分了。"凑巧这时黛玉正来到窗外，无意中听见贾宝玉说自己的好话，不觉又惊又喜，又悲又是叹，结果宝黛两人互诉肺腑，感情大增。

两种不同的处世技巧的优劣，在现实生活中也随处可见。刘刚和杜宇都毕业于国内一所重点大学，同年分配到同一个单位。工作 3 年之后，单位要从两人中提拔一个当科长。刘刚和杜宇各有所长，比较而言，刘刚的专业能力更强，但为人却清高自傲，不擅与人交往；杜宇的专业能力虽然不如刘刚，但却知道如何与人打交道，并且特别注意在各种适当的场合宣传处长的能干和成绩，故意让人把这话传到处长的耳朵里，久而久之，处长自然也都有所听闻。所以，当提拔的名额下来时，杜宇最终得到提拔。对于这样的结果，刘刚心里很不平衡，因为他对杜宇十分了解，在上大学时，自己品学兼优，而杜宇却因多门考试不及格差点让学校勒令退学回家。他万万没有想到，如今无能的杜宇却要骑在自己头上指手画脚。刘刚想不通，就到局长那里告状。局长不但没有改变处长的决定，还将这件事告诉了处长。而处长自然是怀恨在心，此后便处处给刘刚穿小鞋。

在人背后说坏话的原因有很多，有些人是习惯问题，也有些是因为嫉妒或高傲。贺若弼觉得自己高人一等，没有达到自己期望的职位，而在背后说其他人的坏话的。而在皇权至上的封建社会，他对自己的处境有所抱怨，说皇帝任命的大臣的坏话，甚至还把目标扩大到皇帝身上，这样自然会受到皇帝的惩罚和疏远。虽然他只是在别人背后、在私底下说说而已，然而，"天下没有不透风的墙"。要想明哲保身，就应该在这方面加以注意。

《红楼梦》的例子则说明在背后说人好话，是拉近和别人之间的关系的最有效方法。因为在林黛玉看来，宝玉当着众人的面，在自己背后赞美自己，这种好话就不但是难得的，还是无意的。如果宝玉当着黛玉的面说这番话，好猜疑、小性子的林黛玉可能还会说宝玉打趣她或想讨好她呢。刘刚和杜宇的例子也正好从两方面说明了背后"说人好"和"说人非"的巨大差别。

坦率表达和维护自己的利益

日常生活中常常有一些人总是一味地想着讨好别人，但却总是费力不讨好。为了面子或所谓的交情，对于别人的要求，即使为难，他们都硬撑着答应下来；即使对方做了有损于自己的事情，他们也装作大度地原谅。其实，他们这是在"死要面子活受罪"。求生存是人的天性。追求幸福、自由是人的本性，也是天赋的权利，从生活到学习，从孩提到成人，这种天性是绝对不可能改变的。因此，在争取本应该属于自己，或者是在自己的利益受到损害的时候，我们完全可以理直气壮地去争取，该说"不"时，就应该拒绝。

春秋时期，郑国是个小国，不得不在大国的夹缝中求生存。子产为郑国国相时，曾经多次出使诸侯国，却每次都能够不辱使命。子产曾陪同郑国国君到晋国拜访。晋国接待郑国君臣很不礼貌，安排给他们居住的宾馆大门低矮，围墙又矮又破。不但如此，晋国国君还推说有事，迟迟不肯接见他们。子产见晋国如此无礼，便派人把郑国所住的宾馆围墙全部拆毁，将带来的车马礼品全都安放在宾馆里。

晋国国君听闻后十分恼怒，于是派了负责接待的官吏士文伯前去向子产问罪。子产回答说："我们拆毁围墙，实在是迫不得已。我们郑国是小国，处在大国中间，经常要给你们进贡。这次我们征集了全国的财富前来与贵国会盟，没想到这么不巧，偏偏碰到你们国君没有时间接见，又没有告诉我们具体接见的时间，我们带来的东西，总得找个地方存储，就只能放到宾馆里了啊。"士文伯说："那怎么不直接把东西送到我们国君那去呢？"子产说："这样做，很不妥当。我们贡奉的礼品，是要通过在庭中举行的陈列仪式才敢奉献，如果没有陈列仪式，就等于是私自馈赠。我们不敢使贵国蒙受这样的羞辱啊。但是又不能让它们在外边经受日晒雨淋。因为如果它们变坏了，到了贵国君主索要的时候，我们只能将一堆腐朽之物送上，那我们的罪过就更大了。"

士文伯无可反驳，但还是说："以前可没有发生过这样的事情。"子产说："贵国文公在位的时候，也经常接见各国使者。但那时候，尽管贵国的宫殿很低小，但接待诸侯的宾馆却修得像你们现在的宫殿一样高大。不但如此，对使者的招待也无微不至。文公也从不让宾客耽搁时间，总是及时安排时间接受诸侯的贡品。但是现在可不一样了。现在贵国国君的宫室绵延几里，但诸侯使者的宾馆却像奴隶住的屋子。宾客晋见没有一定的时候，接见的诏令也迟迟不发布。"士文伯听了这番话之后，于是回去复命。晋国国君听了后，知道子产和郑国不可辱，于是派人表示歉意。

我国现代史上伟大的文学家鲁迅先生有一句名言："横眉冷对千夫指，俯首甘为孺子牛。"这表明，鲁迅为人处世是依照不同对象来采取对策的。尽管在更多的时候，他像牛一样"吃的是草，挤出来的是奶"，但是当自己的正当权益受到侵害的时候，他也会十分坦率地维护自己的利益的。

20 世纪 30 年代的上海有一家书局，在给作者发算稿费时，只按实际字数计算，而不算标点符号和段落空格。于是，鲁迅有一次故意给该书局寄去既没划分段落，更无一个标点的稿子。书局一点办法都没有，只得写信给鲁迅说："请先生分一分章节和段落，加一加新式标点符号。"鲁迅回信说："既然要作者分段落加标点，可见标点和空格还是必要的，那就得把标点和空格也算字数。"书局只好认输。

早在东京留学的时候，鲁迅曾把一部 6 万多字的书稿寄返国内，卖给一家书店，但是书商却用欺骗手段少算给了他 1 万字的稿酬。鲁迅毫不客气地维护了自己的正当权益。为了书稿的顺利出版，他事先并不张扬，而是耐心地等了一年，等书出版之后，才仔细地核计一番，然后有根有据地去信诘问，最后终于追回了一笔十分可观的、本来就属于他的稿费。

许多人喜欢做老好人，在自己的利益受到损害，尤其是对方的力量很强大的时候，总是故作慷慨地一笑置之，听之任之。但是子产却并不这么做。即使是在强大的对手面前，他也敢于表达和维护自己的正当利益。正因为此，子产所争取到的不光是自己和国家的利益，最后也得到了晋国的尊重。鲁迅也是一样。在他身上，一方面为伟大事业而努力，一方面却不放弃自己应该得到的正当利益，这才是真正真实且伟大的鲁迅。

第二节

求人办事，把握分寸

软磨硬泡，求人要耐心

坚忍不拔、顽强执著的精神往往是一个人事业成功的关键所在，求人办事时也是如此。求人自然是难事，而其难往往并不是对方总是拒绝自己，而是求人的一方不知道如何去求人。求人脸皮薄了不行，不放下架子不行，没有技巧更不行。求人办事最重要的一点是，要有极大的耐心。软磨硬泡，即使再顽固的人也经不起你的折腾。不过，在求人的时候，既要学会死缠烂打，又要显示出自己的真诚；既要软磨硬泡，又不让别人感到你的无赖。厚着脸皮而克服害羞和自卑，在交际处世中主动出击，不达目的誓不罢休。拿出耐心，表示诚意。

北宋初年，"半部《论语》治天下"的赵普曾做过太祖、太宗两朝多次宰相，他不但满腹经纶，其性格也忠正耿直，坚忍不拔。在朝辅佐朝政时，只要是他认为正确的事情，就是和皇帝意见相悖，他也会坚持不懈，直到说服皇帝为止。

一次，赵普向太祖推荐一位能干的官吏，太祖没有答应。赵普并不就此放弃，第二天临朝时，又向太祖提出这项人事任命，太祖还是没有答应。赵普仍不死心，第三天上朝时又提出来。这样连续三天反复地提起，就连同僚也都感到吃惊，赵普脸皮怎么这样"厚"！皇帝见他如此执拗，动了气，将奏折当场撕碎，并扔在地上。但赵普却仍不放弃，他默默地将那些撕碎的奏折一一拾起，回家后再仔细粘好。第四天上朝时，话也不说，将粘好后的奏折举过头顶，立在太祖面前一动不动。太祖为其诚心所感动，于是长叹一声，只好准奏。

又有一次，某位官员按照政绩已经该晋职，身为宰相的赵普上奏朝廷，但是太祖平常并不喜欢这个人，所以对赵普的奏折不予理睬。但是赵普处于公心，尽管皇帝不喜欢，但他还是像前面那样软磨硬泡。太祖问他："如果我不同意，你会怎么办？"赵普正色说："有过必罚，有功必赏，这是古训。皇上应该不以自己的好恶而无视这个原则。"这话显然冲撞了皇帝，太祖便一怒之下拂袖而去。赵普却死跟其后，到后宫皇帝入寝的门外站着，垂首低头，良久不语，下决定皇帝不答应，他就不走了。太祖拗他不过，最后不得不同意了。

巴普新创办了一个剧场，却没有戏剧评论家前来光顾。巴普知道，如果没有人对他的剧场加以宣传，就不会有观众前来观看，于是，他大胆地闯进了《纽约时报》，并直接点名要见著名评论家艾金森。事有凑巧，艾金森正在伦敦访问，于是巴普就干脆呆在报社不走了，并说："我就等到艾金森先生回来！"艾金森的助理吉尔布无奈，只好先询问一下剧场的大致情况，以表示对他的请求的重视。于是巴普便大谈其剧场的演员如何优秀，观众如何热烈，最后还说："我的观众大多是从未看过真正的舞台剧的移民，因此，如果贵报不写剧评介绍的话，那我就没法继续经营了。"吉尔布见巴普的态度十分诚恳，还很坚决，有所感动，终于答应当晚就去看戏。谁知道，露天剧场的演出到中场休息时，却遇到了很少见的滂沱大雨。巴普见吉尔布想要躲雨，立即又粘了上去，说："我知道，你们剧评家通常是不会评论半场戏的。因此，无论如何也请您破一回例。"巴普的一次次地游说，真诚也有，"无赖"也有了，终于感动了吉尔布。几天后，一篇关于他的剧场的简评终于见报，而巴普剧场也日益红火起来。

对同样的意思，反复申请、反复渲染、反复强调，不达目的誓不罢休，面对顽固的对手，这是一种有力的武器。当然，要做到像赵普一样，需要有坚忍以及无惧的性格才行。巴普剧场之所以红火起来的原因，正是巴普步步紧逼、巧舌游说的结果。尽管人卑言微，但是通过软磨硬泡，巴普最终搬动了《纽约时报》这尊大神。当然，在运用此法时要注意要有分寸，超过限度，伤害了对方的感情，反而会起到反作用。

别把"冷遇"当回事

在求人办事的时候，受到冷遇也是最正常不过的事情。不过，有些人却因此而拂袖而去，不再相求；有些人怀恨在心，伺机报复……这些都是一般人可能有的正常反应，但说到底，这种反应对于办事毫无益处，有时反而会因小失大，影响办事的效果。求人之法，当是应该对冷遇持不在乎的态度，以"厚脸皮"对待冷落，以热报冷，以有礼对无礼，从而最终使对方改变态度。

在欧洲，自从查理大帝于800年被罗马教皇加冕为"罗马人的皇帝"以后，教皇们便有了和世俗政权争夺权利的资本。天主教思想家宣称，教皇的权力高于皇帝，教皇是上帝的代理人，皇帝则是从教皇的手中获得了皇权。这种思想使得罗马教廷在教皇格列高利七世的领导下，开始和皇帝争夺对西方国家的最高统治权和领导权。

1075年，26岁的德意志皇帝亨利四世上台不久，格列高利召开宗教会议，强调主教职权不得由世俗君主控制，命令亨利放弃任命德国境内各教会主教的权力，宣布教皇的地位高于一切世俗政权，教皇可以罢免皇帝。他警告皇帝不要干涉米兰大主教职位的确定和授职，否则便将其逐出教会。而亨利为了挑战教皇的行动，在1076年初召开了由德意志主教和高级贵族参加的高级宗教会议，宣布废除教皇格列高利。

格列高利毫不示弱。他立即宣布了所谓的破门律，即开除、废黜和放逐亨利。按照破门律，如果被惩罚者不在一年内得到教皇的宽恕，那么他的臣民就要对他解除效忠宣誓。一时之间，德意志和国外的大大小小封建主反对派们都立即响应格列高利，反对亨利，甚至开始策划选举一位新国王。而其他的贵族则威胁亨利，要他在一年内设法解除破门律，否则将不承认他为国王。

面对危局，亨利四世为了保住自己摇摇欲坠的皇位，被迫妥协。1077年1月，亨利放下皇帝的尊贵身段，身穿破衣，骑着毛驴，冒着严寒，翻山越岭，千里迢迢地前往教皇隐居的卡诺莎城堡，向他当面忏悔和谢罪，请求他原谅自己莽撞的行为。他赤足批毡站在寒冷的雪地里苦苦恳请教皇接见，而格列高利故意并不理睬，他紧闭城堡大门，不让亨利进去。天寒地冻之中，亨利在城堡门口整整等了3天，身体和精神上都受尽了侮辱，教皇终于出来赏赐给这个忏悔者一个赦罪的吻。

在经过短时间的平静后，德意志大封建主反对派按照教皇的指示选出鲁道夫为国王，与亨利争夺神圣罗马帝国的统治权。但这时德皇已经巩固了自己的统治基础。1080年，反对派因为鲁道夫战死而瓦解；1084年，亨利攻陷罗马，另立教皇，格列高利出逃，最后郁郁而终。

1946年，土光敏夫被推举为石川岛芝浦透平公司总经理。当时，日本在第二次世界大战中惨败，百姓生计窘迫，企业的发展更是困难重重，其中最大的困难就是筹措资金。即便是那些著名的大企业，资金也相当紧，更何况艺浦透平这种没有什么背景的小公司，就更没有哪家银行肯痛快地借钱给它了。土光担任总经理不久，生产资金的来源就搁浅了。为了筹措资金，土光不得不每天去走访银行。

一天，土光端着盒饭来到第一银行总行，与营业部部长长谷川郎（后升为行长）商议贷款事项。土光一上来就摆出了不达目的誓不罢休的气势。长谷川则装出爱莫能助的无奈之态。

双方你来我往，谈了半天也没谈出结果来。

　　时间过得飞快，一看到疲倦的长谷川有点像要溜走的样子，土光便慢条斯理地拿出了带来的饭盒，说："让我们边吃边谈吧，谈到天亮也行。"硬是不让长谷川与营业员走开。长谷川只好服输，最终借给了他所希望的款项。

　　后来，为了使政府给机械制造业支付补助金，土光曾以同样的方式向政府开展申诉活动。于是在政府机关集中的霞关一带，就传开了说客土光的大名。

　　贵为皇帝，亨利在自己的王位岌岌可危的情况下，为了求得教皇的原谅，在寒冷中跪求三天三夜，其所受的屈辱可以想见。无论对方怎么对待自己，他还是坚持不放弃。亨利上演了这一出感天动地的"苦肉计"，唯其如此，他才能感动教皇。土光的行为具备了泡蘑菇战术主要的要领：脸皮要厚，不至于一见到"钉子"就缩回头；明显地表达了不达目的不罢休的决心；表面上是软磨硬泡的无理性，实际上是以真诚感动了对方。换句话说就是要设法软化被泡对象，讲究"泡法"的礼貌性、合情理。要不温不火，而不能让对方真的生气而反脸相向。

求人需执著，撞了南墙不回头

　　有些人脸皮太薄，自尊心太强，在求人办事的时候，没有坚持到底的精神。在求人的过程中，只要遇到稍微大点的阻力，就立刻放弃，认为不可能成功。其实，事在人为，很多事情并不是没有成功的希望，而是我们没有尽力去做。遇到困难就放弃的行为，其实是过分脆弱的表现，对事业都没有益处。因此，在求人的时候，一定要增强抵抗挫折和失败的能力，碰了钉子之后，要依旧脸不红、心不跳，不气不恼，照样微笑和人周旋，除非万不得已，不然决不放弃，只要还有一分的希望，就要尽十分的力气，全力争取，不达目的决不罢休。有这样的顽强意志，无论有多大困难，都能把事情办成。

《三国演义》中刘备"三顾茅庐"，延请诸葛亮出山的典故早已家喻户晓，也是古代礼贤下士、求才若渴的典范。东汉末年，朝廷腐败，黄巾起义，天下大乱，曹操坐据朝廷，孙权拥兵东吴，汉宗室豫州牧刘备虽然声名在外，占有一方小地，但一直苦于没有可以重用的谋臣。他听徐庶和司马徽说诸葛亮很有学识，又有才能，于是当即就和关羽、张飞二人带着礼物，亲自前去隆中（今湖北襄阳城西南）卧龙岗，想要请诸葛亮出山辅佐他。恰巧诸葛亮这天出去了，刘备三人只得失望地转回去。不久，刘备又带关羽、张飞冒着大风雪第二次去请，没想到诸葛亮又出外闲游去了。张飞本不愿意再来，见诸葛亮不在家，就催着要回去。刘备只得留下一封信，表达自己对诸葛亮的敬佩和请他出来帮助自己挽救危险局面的意思。过了一些时候，刘备吃了三天素，以表达自己的心意，准备再去请诸葛亮。关羽说诸葛亮也许是徒有一个虚名，未必有真才实学，不用去了。张飞却主张由他一个人去叫，如他不来，就用绳子把他捆来。刘备把张飞责备了一顿，又和他俩第三次访诸葛亮。到时，诸葛亮正在睡觉。刘备不敢惊动他，一直站到诸葛亮自己醒来，才彼此坐下谈话。诸葛亮见刘备诚恳地请他帮助，就出来全力帮助刘备，刘备得到诸葛亮之后，势力立刻发生了巨大的变化，并在他的辅佐下建立了蜀汉皇朝。

王均是一名保险业务员。据他的同事介绍，有一家餐厅可以说是毫无希望，前前后后有很多业务员都跑了这家店，但是却都无功而返。但王均却跟他们打赌，说他一定会让店主买他的保险。

于是，他前去拜访了这家餐厅的店主。果然，店主一听是保险公司的人，刚摆起的笑脸倏地收了起来。

"保险这玩意儿，根本没用。必须要等我死了才能领钱，这算什么呢？"

"我不会浪费您太多时间。您只要挤出几分钟的时间让我为您说明就行了。"

"我现在很忙，如果你的时间太多，为什么不帮帮我洗洗碗盘呢?"

店主原是以开玩笑的口吻戏谑王均的，没想到他竟然真的脱下西装外套，卷起袖子就开始洗了。老板娘吓了一跳，大喊说:

"你用不着来这一套。我们实在不需要保险。所以，不管你怎么说，怎么做，我们都绝对不会投保的，我看你还是别浪费时间和精力了。"

可是，王均每天都来洗碗盘，店主依旧是铁石心肠地告诉他:

"你再来多少次都没用。你也用不着再洗了，如果你够聪明，就赶快找别家吧!"

但是，王均却依然每天下班之后就来洗碗盘，10天、20天、30天过去了，到了第40天，这个店主，终于被王均感动了，最后终于答应投他的高额保险，还帮他介绍了不少的生意。

三顾茅庐的故事反映了刘备以皇叔、豫州牧等身份礼贤下士的态度。尽管刘备是延请自己的谋臣，和诸葛亮在身份上有着巨大的差别，但是毕竟当时是刘备有求于诸葛亮，而不是诸葛亮有求于刘备。如果不是像他这样不顾自己的身份，三番五次地前去相求，以诸葛亮自视甚高、傲视权贵的性格来说，是决不会答应出山的。在商业活动中，许多从业人员之所以能够拥有突出的业绩，有时并非是因为才能上的差别，而是在于推销商品的时候，谁更加执著。如果能做到像王均一样执著，拥有不撞南墙绝不回头的冲劲，还有什么是不能成功的呢?

从感情和关系入手

在现实生活中，任何人都免不了要和其他人发生关系，需要得到别人的帮助。但是，很多人却总是与周围的社会有格格不入的感觉，好像他们无论办什么事情，都会经常四处碰壁。之所以产生这种现象，其原因是多方面的，但是其最基本的原因则是社会是复杂的。简单地说，那就是我们人人都处在一定的关系网络之中，都需要和别人有情感上的关联，而要求人，要办好事情，就势必要利用这些情感和关系。情感和关系，是求人者和被求者之间的情感与关系。这些情感和关系并不是天生就有的，而是需要用心去经营的。因此，在平时就要学会经营自己的关系网，和别人多沟通情感，这样在必要的时候，就会有决定性的作用。

关羽是个重情重义之人。曹操曾将刘备势力击溃，刘、关、张三兄弟因战乱分开。曹操爱惜关羽将才超群，优待关羽，并赠吕布名驹"赤兔马"，关羽深受其恩。不过，关羽并没有背弃当初兄弟盟约，誓不叛刘，曹操只得放其北去寻兄。

赤壁之战中，吴、蜀两家联合抗曹，曹操大败，数十万曹军溃散，曹操仅得数百人仓皇逃命。诸葛亮、周瑜令人一路追击、埋伏，曹操十分狼狈，逃至华容道。华容道是处"一夫当关、万夫莫开"的绝境，谁料诸葛亮早已派关羽率人在阻击。等曹操一行数十人到后，蜀军在对面有500校刀手摆开，为首大将关羽提青龙偃月刀，跨赤兔马，截住了去路。

曹操军将士见了之后，亡魂丧胆，面面相觑。曹操命令将士说："事到如今，就只有决一死战了！"众将都说："就算人不畏惧，马也没有力气了。还怎么交战呢？"曹操谋臣程昱说："关云长对位高者傲慢却对处下位者有礼，藐视强悍却不忍欺凌弱者。且恩怨分明，最讲信义。丞相您以前曾经有恩于他，现在最好亲自用这个来求他，就可以免脱此难。"曹操听从他的建议，立即驱马向前，向关羽抱拳说道："将军别来无恙否？"关羽也欠身回答说："关某我遵奉军师的命令，已经在此守候你多时了。"曹操说："我兵败垂危，走投无路，希望将军您能够念及昔日旧情，放我等一马。"关羽说："昔日我关羽的确曾受丞相的厚待，但是我已经先后斩杀颜良、文丑两员大将，帮助丞相解了白马之围，可以说已经回报了。而今天这件事情，我岂能以私废公呢？"曹操又说："当初将军过五关斩六将之时，我不但未予追究，还三次派人放行，将军还记得吗？大丈夫当然应该以信义为重。将军既然熟读《春秋》，难道不知道庾公之斯义释子濯孺子之事吗？"

关羽本来就是个义重如山之人，当下想起当日曹操许多恩义，与后来五关斩将之事，怎么能不动心呢？回头又见曹军将士落败惶恐，更加不忍心杀害他们。于是掉转马头，对蜀军将士说："四散摆开，让出道来。"很明显是要放曹操等人走了。曹操看见关羽掉转马头，便趁机和众将士一起冲了过去。等关羽又回身时，曹操已与众将过去了。关羽想到自己已经在诸葛亮面前立下军令状，不禁悲啸一声，而曹军都吓得下马，在地上哭拜不已。关羽更加不忍心了。正在犹豫之间，素来和关羽交善的曹军大将张辽纵马过来了。关羽见了之后，不禁又想起故旧之情，于是长叹一声，把他们全都放了过去。

蔡文姬是东汉著名文人蔡邕的女儿，曾因为战乱流落到匈奴。曹操和蔡邕原是好友，知道情况之后，就派人带着礼物到匈奴，把蔡文姬接了回来。蔡文姬到了邺城，曹操见她孤苦伶仃，又把她再嫁给一个屯田都尉董祀。谁知时隔不久，董祀却犯了法，被曹操的手下人抓了去，判了死罪，眼看快要执行了。

蔡文姬慌忙去见曹操。当时恰好曹操正在魏王府内举行宴会，朝廷里的一些公卿大臣、名流学士都相聚在一起。侍从把蔡文姬求见的事情报告曹操。曹操知道在座的大臣名士大多和蔡邕相识，就命令侍从把蔡文姬带进来。只见蔡文姬披头散发，赤着双脚，一进来就跪倒在曹操面前，替她丈夫请罪。她的嗓音清脆，说话声中饱含悲伤之情。座上有很多人原来就是蔡邕的朋友，看到蔡文姬如此伤心，也十分同情。

曹操听完蔡文姬的申诉之后，说："你的情形的确十分可怜，但是判罪的文书已经发出去了。"蔡文姬哭诉着说："大王只需派出一名武士和一匹快马，就能把文书追回。"曹操终于被打动，亲自批了赦免令，派了一名骑兵追了上去，免了董祀的死罪。

曹操当年礼遇关羽，无非是看重关羽的才能，想要关羽追随于他，说到底是一种利用的关系。但是在他危难的时候，他礼遇关羽的行为就变成了可以利用的资源。而关羽又是一个有情有义、知恩图报的人，因此"故人"的关系和情感，就顺理成章地产生了最为关键的作用。蔡文姬也深知仁慈心和同情心是每个人情感中最基本的组成部分，于是她巧妙用悲伤来打动曹操，又加上她父亲和曹操的好友关系，情感和关系双管齐下，终于让曹操同意了她的请求。

活学活用"捧"字诀

人人都想受到他人的承认、尊敬和赞扬。人们在听到他人恭维自己的时候，心里就会非常高兴，产生一种莫大的优越感和满足感，自然就容易听从对方的建议。因此，我们在求人的时候，一定要学会捧别人，毕竟是有求于人，能否取得对方的好感，直接决定着求人的成功与否。会说话和求人办事是相辅相成的。话说得好听，说得到位，对方就易于接受我们提出的条件和要求，否则，即便是一件简单的事情，也容易办砸。拍拍别人的马屁，适当地恭维一番，对方的心理上满足了，才会替我们办事。当然，我们也需要掌握恭维的技巧，而且一定要掌握火候。高帽尽管好，可是尺寸也要合乎规格才行。

诸葛亮知道关羽性格高傲，对他一向奉行"捧"的方法，屡屡奏效。

刘备入川之后，西凉"锦马超"归顺刘备。在和刘备说话时，马超常常称呼刘备"玄德"而不尊重地叫"主公"，但即便如此，刘备还是待他很优厚。为此，心高气傲的关羽很是恼火，欲与马超一比高下，但由于正在镇守荆州，不便行动，于是写信告诉刘备想要和马超比武，以灭其锐气。二虎相斗，必有一伤。为了防止这一情况的出现，诸葛亮特意写信给关羽说："听说关将军想要跟马超比武一争高下。依我看来，马超虽然英勇，但是最多只能和张飞并驾齐驱，怎么能跟你'美髯公'相提并论呢？再说，关将军此时担当镇守荆州的重任，如果因为你离开荆州而造成了损失，岂不负了主公之重托？"关羽看到信之后，十分满意，笑着说："还是军师知道我的心思啊！"于是就取消了入川比武的念头。

福克兰是美国一家交通公司总裁，在年轻的时候因为巧妙地处理了一项公司的业务而平步青云。当时，他只是一个机车工厂的普通员工，由于他的建议，公司买下了一块地皮，准备建造一座办公大楼。在这块土地上的 100 户居民，都需要迁移出去。但是居民中有一位爱尔兰的老妇人，却首先站出来和机车工厂作对。在她的带领下，许多人都拒绝搬走，他们抱成一团，决心与机车工厂一拼到底。

显然，面对这种局势，最好采用"以柔克刚"的办法，而聪明的福克兰正是采用此种选择。他对工厂领导说："如果我们通过法律途径来解决这个问题，就要费时费钱。当然，我们更不能采用其他强硬的方法，这样我们将会增加更多的仇人。这件事还是交给我来处理吧！"

这一日，他来到了老妇人的家门前，看见她正坐在石阶上晒太阳。他便故意在老妇人面前走来走去，还装出一副忧心忡仲的样子，心里好像在盘算什么。自然，他引起了老妇人的注意。不一会，老妇人便问："年轻人，有什么烦恼吗？"

福克兰趁机走上前去，不过并没有直接回答她的问题，却说："您这时无事可做，真是天大的浪费啊！我知道您有很强的领导能力，实在是应该抓紧时间干一番大事的。听说这里要建造一座新大楼，您是不是准备发挥您的超人才能，做一件连法官、总统都难以做成的事情：劝您的邻居们，让他们找一个快乐的地方永久地居住下去？这样，大家一定会记得您的好的！"

这番话说得老妇人十分高兴。第二天，这个强硬顽固的老妇人变成了全费城最忙碌的人了。她到处寻找房屋，指挥她的邻人搬走，并把一切都办得十分稳妥。办公大楼也很快破土动工，而工厂在住房搬迁过程中，不仅速度大大加快，就连所付的代价也竟只有预算的一半。

如果诸葛亮只能对关羽晓以大义，甚至是用命令要求他守在荆州，他多半会抗命不尊，即便是听从了命令，也不会心平气和，这对他所担任的守卫荆州的工作自然不利。所以，诸葛亮才"捧"他，贬低马超，让他既同意取消比武、又能够安心地守在荆州，尽职尽责。福克兰对待老妇人的方法也是一样。如果采用其他的方法，硬碰硬，老妇人自然不会屈服，而且还需要一定的时间，因此，福克兰才恭维老太太是当"领导"的料，赞美她组织能力很强。听到这样的话，老太太心里高兴，也就顺从了福克兰的请求。

办成事的最大秘诀是投其所好

在求人时，应该设法引起对方对这件事产生积极的兴趣，或者设法满足其某个急切的愿望，迎合他的某个爱好，这样，对方就自然会听从我们。也就是说，对方喜欢什么，我们就做什么，给什么，这样一来，他们就会感到愉悦，深信不疑，也就乐于为你办事了。

　　齐国孟尝君田文，用齐为韩、魏两国攻打楚国，又为韩、魏攻打秦国，还向西周借兵求粮。西周君主不想借兵、粮给齐国，遂派出韩庆作为使者加以拒绝。

　　韩庆见到孟尝君后，说："您拿齐国为韩、魏攻打楚国，历时五年才攻取宛和叶以北地区，增强了韩、魏的实力。如今，又联合攻打秦国，又增加了韩、魏的实力。韩、魏两国南边没有对楚国侵略的担忧，西边没有对秦国的恐惧，这样地多辽阔的两国越加显得重要和尊贵，而齐国却因此而显得地位低下了。这就好像树木的树根和枝梢更迭盛衰、事物的强弱也会因时而变化一样。臣私下替您和齐国感到不安。您不如使我西周暗中和秦国和好，而您也不要真的攻打秦国，因此也不必要向我国借兵求粮。您兵临函谷关却不进攻，让我国把您的意图对秦王说明：'孟尝君肯定不会攻破秦国让韩、魏两国壮大，他之所以进兵，是企图让楚国割让东国给齐国。'这样，秦王就会放回楚怀王。与贵国保持和好关系，秦国得以不被攻击，他放回楚王并没有什么损失，却因此免去了一场灾难，肯定会愿意这么做的。楚王回到楚国之后，又必定会感激齐国，因此甘心献出东国。齐国得到东国之后就会更加强大，而您孟尝君立此大功，也会世代没有忧患。秦国既然解除了三国的兵患，又处于三晋（韩、赵、魏）的西邻，三晋也必然来尊事齐国了。"

　　孟尝君听后欣然应允，使三国停止了攻打秦国。而西周，也无需因为不借兵粮而与齐国结仇了。

　　唐朝贞观八年（634 年），李义府被剑南道巡查大使李大亮所举荐，对策中第，补为门下典仪。从此，李义府便跻身朝廷。在此期间，又得到黄门侍郎刘洎和侍御史马周的赏识，二人又合力向唐太宗举荐。太宗亲自召见，颇爱其才，立即授予其监察御史之职，并置于晋王李治府中。李义府知道当今皇帝是个仁德之人，乃做《乘华箴》上献太子李治，文中规劝太子"勿轻小善，积小而名自闻；勿轻微行，累微而身自正"，还说"佞谀有类，邪巧多方，其萌不绝，其害必彰"，一副道貌岸然之态。事情果如所料：太子将此箴上奏，太宗很是欣赏，大加赏赐，并令其参与撰写《晋书》。

李治继位后，李义府春风得意，青云直上。朝中人士知其为人"皮里春秋"，更兼其是刘洎、马周所举荐，丞相长孙无忌极为反感，于是奏请高宗贬李义府到壁州做司马。不过，诏令尚未下达，李义府便早有所闻，于是急忙向中书舍人王德俭寻求应对的方法。王德俭向李义府建议说："皇上宠爱武昭仪（武则天），想要立为皇后，又怕宰相反对，因此没有提出来。你只需提出这个建议，就可以转祸为福了。"

于是，李义府马上行动，上表高宗，谎称立武昭仪为皇后是众望所归，请废王皇后，立武昭仪为后。高宗正愁没有人给他台阶，李义府此举正合他的心意，于是马上召见了李义府，不仅厚加赏赐，还将贬斥他的诏令按住不发，留据原职。武昭仪也秘密派人向他表示感谢。不久，李义府与其他请立武昭仪为皇后的大臣，都成为武昭仪的心腹。这年七月，李义府又被越级提拔为中书侍郎。十一月，又拜为中书门下三品，监修国史，并赐爵广平县男。

生活在社会中，每个人都总是无可避免地处于非常复杂的利害关系和激烈的利益冲突之中。每个人都想维护自己的利益，最为关心的是自己利益的增加或减少，因此，如果你想要诸事顺心、得到别人的帮助，就首先要满足别人的利益。韩庆游说的根本目的，是请求齐国取消向西周借兵求粮的念头，但齐国统治者之所好者，自然是齐国目前的利益和以后的前途。而韩庆的聪明之处就在此处，他自始至终都是从对方最为关心的利益加以说明，以对方的利益为出发点，投对方之所好，终于能够让对方听从自己。李义府本来是个佞邪之人，但是却表现得很是清高。这是因为他知道太宗皇帝是个贤明的皇帝，他希望在太子身边的是那些有才华、有道德的人。只有这样，他才能得到皇帝的赏识。而后来，他于被贬谪的关头向皇上奏请立武昭仪为皇后，正中皇帝的心意，这个建议送得正是时候。因此，不需他开口相求，皇帝早已欢喜万分，非但不再贬谪，反而得以提升。

绵里藏针求人法

　　求人的人一般处于弱势地位。被求的一方一般不肯轻易顺从求人者的意见，甚至会显示出一种居高临下的姿态。然而，不但在求人的时候能够厚着脸皮、放下身段，而且能够反客为主，让对方不得不答应自己。这就是绵里藏针求人法。在求人办事的过程中，"哄"自然是必不可少，但是要在和颜悦色之中非常微妙地把对方最担心、最害怕的事情委婉地说出来，甚至会主动创造条件，让对方的一部分利益掌握在自己手中。当对方意识到自己的把柄掌握在你的手中，或者权衡利弊得失之后，就不得不帮你办事了。

　　战国时，齐国人张丑被送到燕国做人质。不久之后，齐、燕两国失和，燕王想把张丑杀掉。张丑得了消息之后，立即寻机逃走，不料尚未逃出燕国国境，又被燕国一个边境守官抓住。

　　张丑知道硬拼绝对不对，如果哀求于他，对方又会不为所动，于是对他说："您知道燕王为什么要杀我吗？"

　　守官摇摇头。

　　张丑说："因为有人向燕王报告说，我有许多财宝。但实际上，我并没有什么金银财宝，但燕王偏偏不信。"顿了一下，他又接着说："现在我被你抓到了，你会有什么好处呢？"

　　守官回答说："燕王允诺给捉到你的人奖赏一百两白银，这就是我的好处。"

　　"哈哈！"张丑大笑说，"你肯定是拿不到银子的！如果你把我交给燕王，我肯定会对燕王说，是你独吞了我所有的财宝。燕王听到之后，一定会暴跳如雷，到时候，你会怎么样呢?"

守官听到这里后，越发心慌，思前想后，终于把张丑给放了。

系山英太郎，是一位在日本政商界呼风唤雨的显赫人物，他在 26 岁时当上了前首相中曾根的秘书；30 岁即拥有了几十亿的资产；32 岁成为日本历史上最年轻的参议员；1996 年退回商界成为日本首富之一。这一切，都与他过人的智慧有关。

系山最初经营的事业是高尔夫球场。有一次，包括系山在内的许多人同时看上了一块地皮。无论从位置还是地形条件来看，这块地皮都可以算是上乘，但是价格也高得出奇：市价约 2 亿日元。

尽管绝大多数人都想得到这块地皮，但是系山决定要以更低的价格将这块土地买到手。他先放出风声，说他对这块地十分满意，将不惜一切代价买下它。这个消息很快传到了地主耳中，他很快就派经纪人找到系山。一见到系山，好像是一个纨绔子弟，便想好好地敲他一笔，开口便报价 5 亿日元。不料系山想都没想，便说："这么便宜，我要定了。"

见到系山愿出高价，经纪人欣喜若狂，马上和地主签订了代理契约，并把系山的情况绘声绘色地描述了一番。碰到这样一个冤大头，地主十分高兴，于是把其他有意购买的人一概回绝了。然而，此后，当经纪多次找系山签约的时候，系山要么不见踪影，要么借口拖延，一连 9 次，经纪人再也沉不住气，只得摊牌，求系山购买。

系山知道火候已到，便在经纪人面前历数那块地的缺点，说明那块地绝对不值 5 亿日元。经过一番讨价还价，经纪人步步退却，最后亮出底价 2 亿日元。但系山仍不肯罢休，对经纪人说："如果市价是 2 亿，我就出 2 亿，那我又何必费这么多功夫和你争辩呢?"

黔驴技穷的经纪人只好找地主。地主则更伤脑筋，因为他已经回绝那些想要买这块地的人了。如果系山不买，重新找回顾客可就十分困难了，不但会被讥笑，而且他们一定会杀价，说不定结局会更惨。地主思前想后，无可奈何地让系山开价。最后，系山竟然以 1.5 亿日元的价格得到了这块风水宝地。

张丑之所以能够逃脱，完全是因为他善于抓住守官的心理弱点，从而一击而中。可以想象，如果张丑像一般人一样在守官面前战战兢兢地苦苦求饶，贪财的守官势必不会放过他，因此张丑才反客为主，诓骗他。这就是绵里藏针求人法的过人之处：明明是对求人者大不利的事情，却反而变成了被求者的威胁。系山的绵里藏针求人法则更加高妙。他主动创造有利于自己的条件，先是"设局诱敌"，使对方陷入被动的境地，然后"抽梯断敌"，使对方退无可退，只得答应自己的条件。地主在进攻无望、后退无路的情况下，就只好任系山摆布了。

送礼有道才能好办事

中国人向来重视礼仪，而送礼恰恰是表达尊敬和重视的有效手段。送礼，可以说是求人办事最为重要的辅助手段，在此过程中，往往起到十分关键的作用。谁都明白"欲取先予"的道理。别人给你办事，自然需要感谢别人。

当然，送礼也是一门大学问。只有真正掌握了这门学问，才能利用它来帮助我们办成事情。送礼有道，才能于人于己都有利。在送礼时需要注意的问题主要有：一是选准送礼的对象，即"送给谁"的问题。在送礼之前，一定要权衡好各位"关键人物"的作用，谁是真正能起作用的人，就把礼物送给谁。二是要投其所好，即"送什么"的问题。送礼一定要投其所好，送上对方十分喜欢的礼物，他才会动心和动情，才会拿出精力为你办事。三是送礼应轻重适宜，即"送多少"的问题。礼物的轻重、多少要恰到好处，既要能达到办事的目的，又要有所节省，不至于得不偿失。四是选准时机，即"怎么送"的问题。送礼要讲究时间、地点和场合，这样，对方才可能接受。

清代巨商胡雪岩十分善于经商，也善于经营自己的关系网络，而其建立关系网的重要手段就是"送礼"。他送礼的精明之处在于善于抓住不同人的特点，投其所好，并往往是在其急需的时候送出，这样的"礼"自然会有足够大的收益。

在胡雪岩生活的晚清时代，想要经营成功，必然要在官场建立关系网；而要在官场建立关系，自然离不开银子的作用。胡雪岩深谙此道，也从不吝惜银子。比如，曾任浙江藩司的麟桂调任江宁藩司，曾在浙江亏空两万多两银子需要填补，临行之前又一时筹集不到足够的款项，便找到胡雪岩请他帮助代垫。胡雪岩二话不说，爽快地应承下来。他的"雪中送炭"，使得麟桂派去和胡雪岩相商的亲信激动不已，要他一定不要客气，趁麟桂此时还未卸任，有什么要求尽管提出来，他一定帮忙。胡雪岩没有提出任何索取回报的具体要求，只是希望麟桂到任之后，有江宁方面与浙江方面的公款往来时，能够指定由他的阜康票号代理。这一点小小的要求，对于掌管一方财政的藩司来说，自然不在话下。而事实也证明，这一行为让胡雪岩得到了意想不到的收益。

胡雪岩经商成功，主要得益于王有龄和左宗棠两人。王有龄，福建侯官人。道光年间，王有龄曾经捐了浙江盐运使，但无钱进京。胡雪岩结识他之后，认定其前途不凡，便资助了他500两银子，让他进京混个官职。此时的胡雪岩自己也并未成功，500两银子已经是很大的数目了。后来王有龄在浙江当了粮台总办，并从此平步青云。王有龄知恩图报，发迹后并未忘记当初胡雪岩解囊相助之恩，便资助胡雪岩自开阜康钱庄。之后，随着王有龄的不断高升，胡雪岩的生意也越做越大。英法联军侵略中国期间，胡雪岩暗中与清政府军界搭上联系，有大量的募兵经费存于胡的钱庄之中。后来，王有龄又委以胡雪岩"办粮械""综理槽运"等重任，使之几乎掌握了浙江一半以上的战时财政经费，从而为以后的发展奠定了良好的基础。

胡雪岩之所以可以迅速崛起，前期主要得益于王有龄，后期则主要得益于左宗棠。同治元年（1862年），王有龄因丧失城池而自缢身亡，左宗棠继任浙江巡抚一职。急于寻找到新靠山的胡雪岩又把目标投向了左宗棠。为了和他拉上关系，胡雪岩颇费了一番心思。不料左宗棠为人心高气傲，身居高位，又加之曾听闻一些关于胡雪岩和太平军的谣言，因此在胡雪岩第一次拜见时，左宗棠对他颇多戒备，甚至都不给他让座，很是冷落了他一把。但胡雪岩却不以为意。经过努力，胡雪岩最终得到了左宗棠的信任，甚至被左宗棠引为知己，自此以后，左宗棠成为胡雪岩在官场比王有龄更有力的靠山。也正是由于左宗棠的大力举荐，胡雪岩才得到朝廷特赐的红顶子，成为"红顶商人"。

胡雪岩得到左宗棠的信任，主要是因为送了几次及时的"大礼"。早在左宗棠继任浙江巡抚之前，他所率领的军队在安徽时，饷项就已拖欠了近5个月，饿死及战死者很多。进兵浙江之后，粮饷短缺的问题仍然让左宗棠苦恼无比。胡雪岩紧紧地抓住了这次机会，他在十分紧张且危险的战争环境下，在3天内筹齐了10万石粮食，使左宗棠的问题迎刃而解。自此之后，左宗棠对胡雪岩大为赞赏，并被委以重任。胡雪岩开始以亦官亦商的身份往来于宁波、上海等洋人聚集的通商口岸。在经办粮台转运、接济军需物资之余，胡雪岩还紧紧抓住与外国人交往的机会，联合外国军官，为左宗棠训练了约千余人、全部用洋枪洋炮装备的"常捷军"。

同治五年（1866年），左宗棠由闽浙总督调任陕甘总督，并奉命出关西征。西征军的经费虽然由各省共同筹集，但是却经常拖欠。为解决经费问题，左宗棠只好奏请借洋款救急，而具体事务则由胡雪岩来办。通过胡雪岩的精心策划和积极努力，自称中国通的英国渣打银行驻中国地区总经理被收拾得服服帖帖，借贷双方很快就利息、期限、偿还方式等细节达成一致。于是，胡雪岩为西征筹得第一笔借款。此后，他还先后 6 次向洋人借款，累计金额为 1870 万两白银。

胡雪岩所做的事情，的确都做到了对症下药，因而能够药到病除。在麟桂和王有龄急需资助的时候，他慷慨以不菲的银两相赠，为日后自己的发展奠定了坚实的基础。而粮食、军饷，当时正是左宗棠最着急也最难办的事情。胡雪岩送出的"厚礼"，使左宗棠对于这两件让他头痛的事情迎刃而解，自然会得到他的赏识。左宗棠求事功，而胡雪岩正好给他送去能使他成就事功所必需却不易得的东西，一送之下，也就收到了意想不到的效果。胡雪岩自己也说："送礼总要送人家求之不得的东西。"由此可知，胡雪岩也是深谙送礼之道的。胡雪岩的高明之处还在于，他送礼并不是在自己有求于人的时候进行，而是平时就注意用之来建立关系网。这样做显得功利性并不很强，因此比那些临时有需要的时候才去送礼求人更加有效。这样一来，在自己需要帮助的时候，对方也就能慷慨相助了。

第三节

领导管理，恩威并用

擅长领会上司的真实意图

在日常生活当中，我们要学会善解人意。所谓的善解人意，就是要善察言观色，揣摩人心，想对方之所想，急对方之所急。在竞争激烈的职场之上，那些能得领导欢心的人，往往能够被更快地提拔，也能够得到更多的奖赏。而取悦领导最重要的一点，也是要善解领导之意，善于领会上司的意图。一个精于窥伺上司意图的下属，不仅特别注意其领导的言行，而且能够抢先一步，将领导想说而未说的话先说了，想办而未办的事情先办了，表现出极大的主动性。这样一来，领导自然会十分喜欢，从而自己也有更多被提拔和奖赏的机会。

任何人都喜欢被奉承、被吹捧。领导们也总是标榜自己好忠正、恶谄媚、近忠贤、远小人的，他们的一些言行可能掩藏着他们的真实想法。如果给你一个热脸，你就贴过去，可能会烫伤你自己。只有那些善于揣摩上司真实意图的人，才能有针对性地采取行动，退则保全自己，进则迎合领导的喜好，让自己得到职场上的成功。

历史上汉元帝执政时期，是西汉由盛而衰的转折点。当时，朝廷有外戚、宦官和儒家等三种势力相互对峙，明争暗斗，朝廷混乱而且腐败。汉元帝为人懦弱，始终依赖宦官，而宦官和外戚相互勾结在一起，还拉拢了一批见风使舵的儒臣，结成朋党，把持朝政，正直的大臣难以在朝廷立足。

但为了赢得天下儒士的拥戴，汉元帝却装作十分好儒，并且延揽大批当时较为著名的儒学之士入朝为官，参与政事。事情表面看来令人振奋，不过，聪明人都知道，皇帝只是拿儒生来"装点门面"，让自己得到一个爱贤的美名而已。著名儒家学者贡禹入朝后，元帝也同样向他征求意见。贡禹装作思考了很久，煞有介事地提了一条，即请皇帝注意节俭，将宫中的众多宫女放掉一批，另外最好少养一点马。这看来似乎是有益的建议。但实际上，汉元帝本来就很节俭，而且很早就已经将许多节俭的措施付诸实施了，其中就包括裁减宫中多余人员及减少御马的数量，而贡禹只不过将皇帝已经做过的事情再重复一遍。不过，对于这条几乎没有任何价值的意见，皇帝龙颜大悦，表示乐于接受，还对贡禹大加赏赐。

说到揣摩上司的意图，乾隆时的和珅可谓是个中翘楚。和珅"少贫无籍，为文生员"，直到乾隆四十年（1775年）才被擢为御前侍卫。自此之后，和珅便深得乾隆的宠信，步登青云，后来任军机大臣长达20年之久。和珅的官场履历，在清代官宦史上，可谓空前绝后。这很大程度上是因为和珅能够准确地揣摩出皇帝的许多真实想法。他曾对乾隆皇帝进行过细心的观察和研究，从而能够准确地掌握乾隆的心理变化和喜怒哀乐，甚至能够从其一言一行中猜出皇帝的真实意图。

和珅知道皇帝喜爱的是什么，于是也总是能让自己的各种行为得到皇帝的认同。乾隆皇帝喜欢吟诗作赋，和珅早年就下工夫收集乾隆的诗作，并对其用典、诗（词）风、喜用的词句了解得一清二楚，有时能够加以唱和，十分讨乾隆的喜欢。乾隆是个重情义之人。乾隆的母后去世时，乾隆痛彻心扉，每日垂泪。和珅并不像其他皇亲国戚、官宦臣下那样一味地劝皇上节哀，他只是默默地陪着乾隆跪泣落泪，不思寝食，几天下来，整个人面无血色，形容枯槁，好像比皇帝更为悲戚。如此能与皇帝同感共情的人，朝中除和珅之外，别无他人。乾隆是一个非常诙谐的人，平时喜欢与臣下开玩笑。因此，和珅经常给乾隆讲一些市井俚语、乡间笑话，令皇帝龙心大悦，这也不是一般军机大臣所能做到的。

和珅长于揣摩，有时似乎能够钻到乾隆的大脑里去，准确猜出乾隆的想法。史书载，一次乾隆出游，半途中忽命停轿，但是却不说缘由，臣下都很着急。和珅闻知后，立即让人找到一个瓦盆递进轿中，结果甚合上意，皇帝溺毕便继续起驾。按照惯例，每次京城附近的科举考试，都是由皇帝自"四书"中钦命考题。他先让内阁先送来"四书"一部，出完题后归还内阁。乾隆三十年（1765年）考试时，皇帝命题后，仍旧令内监将"四书"送还内阁。和珅问起皇上出题的情况，内监不敢多言，只说皇上将《论语》第一本从头至尾翻了一遍，才微笑着欣然命笔。和沉思片刻，知道皇上一定是从"乙醯焉"一章中出题。因为乙醯两字含有"乙酉"二字，与这一年的年号相合。于是，和珅便通知他的弟子，有针对性地准备，结果正如和珅所料，和珅的学生全部高中。此事足以看出和珅揣摩功夫非同寻常。

乾隆做太上皇时，曾有一次共同召见嘉庆帝与和珅。两人入室之后，乾隆坐在龙座上闭着眼睛，只在口中念念有词，也不知道是哪种语言。一会，乾隆忽然问道："这些人是什么姓名？"嘉庆不知怎么对答，和珅却高声应答："高天德、苟文明。"（此二人都是白莲教的起义领袖）嘉庆听后莫名其妙，乾隆却满意地点点头。此后，嘉庆召和珅问起此事。和珅说："太上皇所诵读的是西域秘密咒。被诵这种咒语的人虽在数千里外，也会无疾而死，或大祸临头。奴才听闻太上皇诵这种咒语，料想所诅咒的者必是叛匪教首，所以就知道是那二人。"嘉庆听后，恍然大悟，并自叹不如。

像汉元帝一样的皇帝大摆虚心纳谏的姿态，这在古代十分常见。对于这种情况，一些正直老实的官员就会立即响应皇帝的号召，上疏直言，毫无隐瞒地表达自己的意见，有时候甚至会历数皇帝的过失。殊不知天威难测，说不定什么时候皇帝就会追究直言犯上者的责任。而那些懂得观察时势的官员则会擦亮眼睛，当他看到君主只是在作一番演出的时候，就会三缄其口，就是提意见也会考虑是否对自己有利。贡禹对朝廷时局洞若观火，但他不愿得罪权势和珅皇帝，才提出这样避重就轻的意见。贡禹的建议，不仅让汉元帝博得了"纳谏"的美名，也没有得罪权贵，自己也大受其惠。

和珅对乾隆皇帝的脾气、爱好、生活习惯、思考方法了如指掌，可以充分做到想乾隆之所想，为乾隆之所为。从这点来看，和珅本可以成为君臣中善解人意的楷模，无奈他利欲熏心，以至于坏事做绝，绝事做尽，最后不得善终。不过，如果能够立意良善的话，对身处下位者而言，这些都是非常有用的技巧。

忠诚比能力更重要

对绝大多数领导而言，判断下属好坏的关键，往往在于其能够循规蹈矩，彻底奉行领导的意志，而至于能力，倒是在其次。不违背自己的意志、完全忠于自己的人，才不会给自己造成威胁。对他们来说，忠心才是第一，能力不是问题。反过来说，从某种程度上，那些能力高而自由意志太强的下属，正是领导们的大忌。领导者们正是处于这样的两难之中：太能干的下属不敢用，用了又不敢充分授权。经过对利害关系的仔细斟酌，他们一般都会把真正的权力下放给没有什么能力，但是却绝对忠于自己的下属。因此，对于一个下属来说，如果你想得到领导的欢心，赢得他的信任，最为关键的一点在于：无论你才能有多高，千万要让领导知道你对其的忠心。

卫青是西汉武帝时期的重要将领，他率军与匈奴作战，屡立战功。后来，他成为汉朝最高军事将领——大将军，并被封为长平侯。尽管如此，但卫青从不结党干预政事，从不越权。汉武帝刻薄寡恩，杀大臣如杀鸡，朝廷大臣无不战战兢兢，冷汗直流。然而，卫青却最终从容逃过大劫，无灾无难地以富贵终老。

一年，卫青率大军出击匈奴，右将军苏建率几千人马和匈奴数万人遭遇，最后全军覆没，只有苏建一人逃回。卫青召开会议，商讨如何处置苏建。大多数将领建议杀苏建以立军威。但卫青却认为，作为人臣，自己没有权力擅自专权，在国境之外诛杀副将。于是，最后把问题交与汉武帝处理，也借此显示自己不敢专权恣纵。武帝把苏建废为庶人，对卫青也更加宠信，而苏建对卫青的不杀之恩也感恩戴德。

光从这次卫青处理苏建事件的手腕上，就可以看出卫青的高明智慧。卫青虽立有大功，但从不恃宠而骄，从来都是谦虚谨慎，一味顺从武帝旨意，从不越权，以防武帝猜疑。一般诸侯都往往招贤纳士，但卫青深知武帝不满意诸侯王这么做，于是从不敢招贤荐士。正因为处处注意，时时小心，卫青才可以做到功盖天下而不震主，手握重兵而主不疑，最终能够富贵尊荣、寿终正寝。

南北朝时期，宋明帝刘彧因为从侄儿刘子业手上抢来江山，得位不正，难以服众，所以一登基就为应付各地造反被搞得焦头烂额。处于这样的危急关头，自然需要大量的军事人才。吴喜就是在这样的情况下毛遂自荐，而且一出马就为宋明帝立下了大功。

吴喜本是文人，曾任河东太守。他性情宽厚，在任期间，秉公执法，广施仁政，因此很受百姓爱戴，人们都称其为"吴河东"。由于吴喜深受百姓拥护，所以早年的流民造反，都被他打败。在平叛藩王率领的三千大军时，吴喜只带了数十人，经过一番诚恳的劝说，就让叛军自动归附。从这一点来看，吴喜的才能丝毫不亚于古代那些著名的文臣武将。而这次吴喜向刘彧自荐平叛，刘彧也只给他区区不足300兵马。可没想到，吴喜一进入敌人的地盘，当地百姓一听吴河东来了，竟望风归顺。这样，吴喜不但轻易平定了叛乱，而且还生擒了76个士兵和叛将，除了当场斩首了17个首恶外，其实全部被吴喜给赦免了。

但是，吴喜并没有因为建立了大功而得明帝的宠爱，反而为自己埋下了杀机。吴喜出征时曾对刘彧说，抓到叛将，不论首从，他都将就地正法，以正纲纪。不料最后，吴喜却违背了他的意志，未经他的同意就私自赦免战俘。刘彧认为，吴喜这么做，无非是想获取人情、笼络人心罢了，这种人，势必对自己造成很大的威胁，岂能容他?! 果然，没多久，刘彧就找了一个借口，将吴喜赐死了。

唐朝大将李勣，战功赫赫，是凌烟阁二十四功臣之一，在唐太宗武将之中的地位，仅次于李靖。这样的一位重臣，太宗自然格外器重。李勣晚年得了一种名为"心悸"的病症，太医说用人的胡须和药，或许能够治好。太宗便立即剪掉自己的胡须，烧成灰送去给他治病。李勣知道后，当场感激得伏地痛哭，激动到把指头咬破，流出血来。

然而，同样是那位曾为李勣断须治病的太宗，在临死之前却给太子李治留下遗言说："现在能帮你安定天下的武将，除了李勣之外，别无二人。但是你对他没有恩，我恐怕他对你怀有二心。我现在把他外放，如果他立即启程，你登位后，就马上把他召回，这样你就算是有恩于他了，他也必定会感激于你，为你效命。如果他有半点犹豫的话，就表明他有二心，你必须赶紧杀了他，否则后患无穷。"幸亏李勣聪明，他很快便明白了个中奥妙，因此一接到命令，连家也不回，就立刻走马上任，这才保住了一条老命。

很多人认为卫青的举止似乎过于谨慎，其实不然。汉武帝雄才大略、武功赫赫，但是也专断独行，桀骜自恃，对于那些犯了他的忌讳的人，无论才能多高，他都可以毫不手软地予以诛杀。卫青对此十分清醒，因此不管自己能力再高，权力再大，也要表现得很忠诚。正因为如此，卫青才能保全自己，无灾无难地以富贵终老一生。

吴喜则正好相反。他能够轻易对付战场上的敌人，但是却没有弄清楚刘彧最想要的是什么。在吴喜看来，他之所以释放叛将，完全是一片仁心，而且这么做，说不定还能为皇帝获取人心，多争取一些人才。但是，刘彧却是历史少见的刻薄寡恩的皇帝之一，只要是违背了他的意志，即使对于那些有功、有恩于他的人——不管功劳多大，他也会毫不留情地除掉，更别说委以重任了。

从李世民对待李勣的例子中，也可以看出领导者心中想的究竟是什么。李世民当初为李勣剪须治病，是为了让李勣更加忠心于自己。李勣一生有无数的忠义之行，然而还是遭到李世民的猜忌，这正将手握权柄的领导者们对待属下的心态：无论在什么时候，无论下属才能有多高、功劳有多大，他们都在防备着，一旦有不忠心的行为出现，就会毫不留情地把将之清除。所以，对下属而言，忠诚的能力更重要。

永远不要盖过上司的光芒

一般来说，身为领导者，都有非常强的尊严和成就感。他们总是力图让手下的人们相信，自己永远是真理的化身和正确的象征，他们的能力超乎常人。上司不但希望自己在权位方面高高在上，在功劳和能力方面也是要唯他独尊的。一旦领导认为自己下属的功劳和能力已经影响到自己的权威的时候，那么就会毫不犹豫地对他进行打压，或者干脆把他铲除。

作为下属，绝对不能跟上司抢镜头。如果你忘了自己的作为下属的身份，总是把本该属于上司的光辉硬往自己脸上贴，或者让自己的功劳或才能盖过上司的光芒，老做一些"越位"的事情，那么你的职场生涯可能就要遭遇不顺。在任何时候，都要给上司留足面子，甚至主动将自己的功劳让给上司，或者在上司面前收敛才华，以让上司感觉自己光辉耀眼。这不仅是对上司应有的尊重，而且是职场中必不可少的生存策略。

历史上不乏功高盖主而最终被诛的例子，韩信可以算是最为著名的一个。韩信是西汉开国重要功臣，为汉高祖第一大将。作为统帅，他率军出陈仓、定三秦、破代、灭赵、降燕、伐齐，直至垓下全歼楚军，无一败绩，天下莫敢与之相争，为高祖打下了大半个天下。刘邦正式登基为汉高祖后，对韩信"连百万之兵，战必胜，攻必取"的军事天才，也心悦诚服，自叹弗如，将其列为"开国三杰"（张良、萧何、韩信）之一。

对于自己的不世之才，韩信自己也丝毫不加掩饰。刘邦曾与韩信谈论将领们才能的高下，刘邦问："你看我能率多少军队？"韩信说："陛下不过能率十万大兵。"刘邦问："你呢？"韩信说："我则多多益善。"刘邦笑着说："多多益善，那你怎么被我擒住了呢？"韩信说："陛下是不能率领军队，但却善于驾驭将领。"

韩信有这样杰出的军事才能，且不知道加以掩饰，让刘邦早就感到他对自己的威胁。早在韩信被拜为大将军的时候，刘邦便对其有所疑忌。但他一方面巧妙地利用韩信攻城略地，为汉王朝的开创立下战功；另一方面，待自己实力雄厚之后，便开始防范和贬低韩信。早在楚汉战争时，每当韩信大胜之后，刘邦便会抽调其精兵。虽然迫不得已封其为齐王，但当消灭项羽之后，刘邦立即夺取了韩信的兵权，后来，高祖又改封韩信为楚王，使其远离根基深厚的齐地。

天下平定之后，刘邦更加感觉韩信的存在是对自己的威胁。他发现天下之大，自己独惧韩信一人，这不仅因为他的功劳有超过自己的嫌疑，而且在军事才能上，他也远远地超过了自己。高祖六年（公元前201年），有人密告韩信收留了楚将钟离昧，蓄意谋反，刘邦想发兵征讨，但苦于不是韩信的对手而作罢。韩信如此棘手，越发让刘邦打定主意除掉韩信。后来，刘邦终于依陈平之计，以巡视云梦泽为名，将韩信乘机拿下。尽管查无实据，他还是将韩信降为淮阴侯，控制于京城之中。高祖十年（公元前197年），阳夏侯陈谋反，自立为王，高祖率大军征讨。韩信与陈秘密约定，里应外合。事泄，吕后和萧何设计骗取韩信入宫，并将其杀害，随之，将其三族捕杀殆尽。

三国时期，魏国杨修才思敏捷，聪颖善辩，得到曹操赏识器重，被委以"总知外内"的主簿，成为曹操身边的一位高级幕僚谋士，算得上一位重臣。照理来看，杨修可以说是前途一片光明。但是让人感到意外的是，这位重臣却过于聪明，结果聪明反被聪明误，导致了被诛杀的结局。

一次，曹操与杨修骑马同行，路过曹娥碑，见碑上镌刻了"黄绢""幼妇""外孙""齑臼"八个字，曹操问杨修是否理解这八个字的意思。杨修正要回答，曹操说："你先别讲出来，我先想想。"等走了三十里路以后，曹操说："我明白了。你说说你的理解，看我们是否所见相同。"杨修说："黄绢，就是色丝，合起来是'绝'字；幼妇，就是少女，合起来是'妙'字；外孙是女儿的儿子，合起来就是'好'字；齑臼，就是受辛（古代的那些调料主要是辛辣的东西，所以说用来盛装和研磨调味料的器具齑臼是'受辛'。），合起来就是'辞'字。这八个字是'绝妙好辞'四字，是对曹娥碑碑文的赞美。"曹操惊讶地说："你的才华和思维，比我快过三十里啊。"

曹操在平定汉中时，连连打败仗。想要进兵，却怕蜀将马超在那拒守；想要收兵，又怕蜀兵耻笑，正在犹豫间，厨师送上来鸡汤，曹操看见碗中有鸡肋，沉思不语。这时有人进军账，禀请夜间应该行什么口令，曹操随口回答："鸡肋！"杨修听见令传鸡肋，于是让随行军士收拾行装，准备归魏。将士们很奇怪，问杨修是怎么知道魏王要回师的，杨修说："鸡肋这东西，吃了没什么味道，扔了又觉得可惜。现在我们继续进军不能取胜，退兵又怕人家笑，老呆在这也没有什么好处，不如早点回家。魏王班师就在这几天，可以提早准备行装，以免到时慌乱。"曹操早就忌恨杨修才能高于自己，这次又见他猜透了自己的心事，便以扰乱军心定罪，杀了杨修。杨修死时年仅三十四岁。

因为同样原因被曹操杀的还有祢衡。祢衡很有才辩，很聪明，也从不掩饰自己的聪明，喜欢侮辱权贵。在评论曹操和他手下人的时候，祢衡说"大儿孔文举（孔融），小儿杨德祖（杨修）"，也就是说，他只看得起这二人，其他人，包括曹操在内都不足道。结果，承蒙他的看得起的二人都被曹操给杀了，他自己也被曹操用借刀杀人之计杀了。

历史上，有无数人因为锋芒太过，遭到上司猜忌，而招致杀身之祸。他们尚且如此，那么韩信的被诛自然也只是时间问题，更何况他碰到的是一位的好猜疑之主。如果下属的能力超过了上司而又不加以掩饰，而所遇之上司又为嫉妒之心极其强烈之人，那么其结局往往很悲惨。

"善窥上意"是古代通行的为官之术，就是说要能够体会上司的意思。但是善窥上意不一定是好事，这要看你窥的是什么"上意"，以及怎么表达出来。杨修不可谓不善窥曹操的意思，次次都能猜中曹操的想法，但是最后却被杀了。这是因为，作为下属，如果你凡事都走在上司前面，却又不加以掩饰，那么为了维护自己的权威和权位，除了对你打压、甚至除掉之外，上司们也别无选择。一来，他们脸上挂不住，因为你给人的印象是你比上司还要高明。二来，上司也因此而担心你总有一天会把他们从现在的位置上拉下来。

在领导面前不妨装装 "嫩"

在一般情况下，如果上司说错话或做错事的时候，聪明的下属是不会、也不敢指出来的，否则，大多数领导一定会反过来教训一顿："怎么！当我连这个都不知道吗？你是不是存心让我难堪？"即使他们没有这么说，也一定会心中不悦，你给他的印象自然不会好到哪里去，说不定哪天他还会找你麻烦。

尽管人们口头都说"人尽其才"，但是在很多情况下，任何上司都有获得威信、满足自己虚荣心的需要，他们不希望部属超过并取代自己。因此，身为下属，如果你想恭维讨好你的上司，不妨把自己表现得比上司"外行"一些或水平更低一些。聪明的部属在和上司相处时，总是会千方百计地掩饰自己的实力，以假装的愚笨来反衬上司的高明，力图以此获取上司的青睐和赏识。当上司陈述某种观点的时候，他总是会装出恍然大悟的样子，拍手称好；当他对某项工作有了好的可行之方时，不是直接阐发意见，而是在私下或用暗示等办法及时告诉上司。同时，再抛出与之相左、甚至是很"愚蠢"的意见，让好主意从上司嘴里说出来。这样的下属，上司多半倍加欣赏，对其情有独钟。当然，装"嫩"充傻也是要注意场合和时机的。

商纣王时期，箕子曾任太师，辅佐朝政，不料纣王昏庸无道，没日没夜地饮酒作乐，不理朝政。箕子劝谏了很多次，他都不听。纣王白天也关窗点灯，把白天当做夜晚，最后竟然忘了日期了，问一问身边的人，他们也都陪他喝酒喝得糊里糊涂不知道。于是，纣王派人向箕子去打听，箕子心想："身为天下之主都忘记了日期，国家就很危险了。他们所有的人都不知道，而只有我一个人知道，我就更危险了。"于是便推辞说自己也喝醉了酒，不知道日期。纣王如此昏庸，有人劝箕子离纣王而去，箕子不忍，而是披头散发装疯卖傻，常常又哭又笑。商纣以为箕子是真疯了，于是把他关了起来。而箕子也借此保全了自己。

韩擒虎是隋朝开国功臣，在平定陈国的战争中，他首先攻入陈国都城金陵，俘获陈后主。胜利后，他将自己在战争中的种种谋略、战术加以总结，写出一本书，书名题为《御授平陈七策》，意思是说这些战略、战术都是皇帝陛下教的，而平陈一战的辉煌胜利也是在皇帝的亲自指挥和部署下取得的，自己即便有功劳，也仅仅是有执行了皇帝的意旨的苦劳而已。韩擒虎把此书献给隋文帝，皇帝见到后，十分高兴，不但拒绝了韩擒虎的好意，要他留着写进自己的家史中，并且授以高官，赏以厚禄。

薛道衡是隋初大文豪，隋文帝时就备受皇帝信任，担任机要职务多年。当时的许多名臣如高颖、杨素等，都很敬重他；皇太子杨勇及诸王都以和他结交为荣。隋炀帝杨广虽然是个暴君，但是却也颇有文才，很喜欢作诗，即位后，延揽文人入朝，薛道衡也是其中之一。但杨广重视文人，一是因为他们跟他有同好，二是因为他想要用他们来表现自己比天下文人更有才华。隋炀帝极其自负，他曾对别人说："别人总以为我是承接先帝而得帝位，其实论文才，帝位也该属我。"一次，杨广做了一首押"泥"韵的诗文，命大臣们相和，别人写的都很一般，只有薛道衡所和的《昔昔盐》最为出色，其中"空梁落燕泥"一句，将人去室空的冷落景象描写得细致入微，堪称传神。隋炀帝闷闷不乐，十分忌恨，后来终于找了个理由把薛道衡杀了，在杀他时，杨广还带着几分嘲弄的语气说："你还能再作出'空梁落燕泥'吗？"

和薛道衡一样，鲍照是南北朝的一位有才华的诗人，他的诗才曾被"诗仙"李白、"诗圣"杜甫所仰慕，可见文才之高。鲍照曾在南朝宋孝武帝刘骏朝中担任中书舍人。刘骏也喜欢舞文弄墨，而且自以为天下第一，别人谁也比不了他。鲍照明白他的心思，于是在写诗作文时，故意写得粗俗不堪，以满足刘骏的虚荣心，以致于当时有人怀疑鲍照江郎才尽。

在中国古代无数的诗人中，诗歌产量最多的并不是李白、杜甫，也不是苏轼、陆游，而是自认为文治武功独步千古、自号"十全老人"的乾隆皇帝。身为日理万机的天子，乾隆生平竟然作诗十万余首。为了迎合他，乾隆的臣属都想尽办法，其中就不乏有装"嫩"之臣。《二十四史》中的《明史》，原本在康熙、雍正两朝就大抵编撰成书，乾隆朝已经进入了校勘阶段。乾隆喜欢附庸风雅，除了作诗外，还经常在刊印之前，亲自参加校勘。明史馆的人为了让他开心，便经常在明显的地方故意写错几个字，让他来改正。像《明史》这样重要的著作，在印行之前，自然已经由无数专家学者悉心校正过，这时候还有错误让乾隆校出来，无形中显示出他的学问确实超过了那些专家学者的水准，乾隆自然龙颜大悦，身为他的臣属，自然也就过得平安幸福了。

　　作为下属，不要时时处处表现出自己比上司高明，要掩藏自己的智慧，遮蔽自己的能力，在必要的时候，一定要学会将自己贬抑下来，将上司无限抬高。尤其在有所功劳的时候，最好能够向上司表明对方"有其成功"，而属下只是"臣有其劳"；"有功归上"，做下属的只有跑腿的功劳而已。不和上司争功，甚至主动送功于上，这样的下属，自然会受到上司的赏识，也才有可能真正得到褒奖和提拔。鲍照故意装作"江郎才尽"，因为他知道只有这样做，才能避免被皇帝加害。被人怀疑事小，成功地保全了自己，才是真正的头等大事！否则，像薛道衡一样给自己的领导难堪，到头来吃亏的只能是自己。

与同事相处要多个心眼

　　在职场之中，同事之间的关系有时候也很难处理。同事之间存在着各种合作和竞争的矛盾，十分微妙而复杂。要让自己在职场之中成功立足，既要与同事很好地相处，同时又要保护自己不受伤害，最为重要的是要小心谨慎，有时还要运用一些必要的处世之道。和同事相处，不可小心眼，但是也必须多个心眼；绝不可意气用事，必须冷静一些，理智一些。说话小心些，为人谨慎些，避开生活的误区，使自己处于进可攻、退可守的有利位置，牢牢地把握住在职场中的主动权，都是十分有益的。必须尽可能地把脸皮磨厚，利用厚脸皮来有效地保护自己。即使对方有意攻击和指责自己，必要时也要忍耐下来。

　　唐朝武则天时，尽管很多唐朝宗室和唐室的股肱大臣都被武则天加害，但还是涌现出了不少杰出人才，且能保存自己，娄师德就是其中之一。他不但是有着"台辅之气"的文臣，而且是当时抵抗吐蕃入侵的著名将领，是不可多得的文武能臣。武则天倍加赏识，曾经将其升至宰相，又委以全权处理边境事务的重任。在当时的环境之下，娄师德不但成功明哲保身，而且还能实现自己的抱负，于国于己都算成功。

娄师德胸怀宽广，对待同僚的态度极为温和。娄师德身长八尺，方口博唇，即使冒犯他也不计较。一次，时为纳言（侍中）的娄师德和内史令（中书令）李昭德一起入朝。娄师德长得胖，所以走不快；李昭德性子急，走得快，一次又一次等娄师德，后来不耐烦了，回头对娄师德说："都是被你这个乡巴佬耽搁了。"娄师德却笑着说："我不是乡巴佬，那谁是乡巴佬啊？"

娄师德升为宰相后，一次巡察屯田。出行的日子已经定了，部下随行人员已先起程。娄师德因脚有毛病，便坐在光政门外的大木头上等马。不一会儿，有一个县令不知道他是纳言，自我介绍后，跟娄师德并坐在大木头上，娄师德也并不介意。县令的手下人远远瞧见，赶忙走过来告诉县令，说："这是宰相啊。"县令大惊，赶忙站起来赔不是。娄师德却将这件可大可小的事情一笑了之。

娄师德的忍让最为有名的是"唾面自干"的典故。娄师德的弟弟被任命为代州刺史。临行前，娄师德说："我的才能不算高，现在做到了宰相。你现在又去做很高的地方官。人家会嫉妒我们，应该怎样才能保全性命呢？"他的弟弟说："从今以后，即使有人把口水吐到我脸上，我也不敢还嘴，把口水擦去就是了。以此自勉，请你放心。"娄师德说："这恰恰是我最担心的。人家用口水唾你，是人家对你发怒了。如果你把口水擦了，说明你不满。不满而擦掉，人家就更加发怒。最好是让唾沫不擦自干。"

李义府是唐高宗和武则天时的大臣，曾经官至右相，可谓位极人臣，权倾一时。但是根据史书记载，这位当朝宰相并不是一位谦谦君子，而是一位小人。他看上去温和恭谦，和人说话时，也往往微笑平和，也常常恭维他人，但实际上却阴险诡诈。在他当权时，排斥异己，对那些稍与自己的政见不合者都进行陷害和诬构。当时人们都说李义府笑中带刀，由于他表面上柔和，背地里害人，因此人们称之为"李猫"。李义府表面一套，背后一套，大搞顺我者昌，逆我者亡，很为百官所痛恨。但是皇帝和一些大臣却始终被蒙在鼓里，还以为他是谦谦君子。

李义府之后的李林甫更是一位花言巧语、口蜜腹剑的奸人。李林甫除了迎合玄宗的意旨外，他还尽力谄媚结交玄宗亲信的宦官和妃子。就是和一般人接触，李林甫也总是在外貌上表现出和人很友好，非常合作，尽说好听的、善意的话。可是实际上，他的性情和他的表面态度完全相反；他常常使坏主意来害人。李林甫和李适之都是唐玄宗时期的宰相，一次，李林甫对李适之说："华山上有金矿，开采出来的话，可以富国。皇帝还不知道这件事呢！"第二天，李适之就将这件事情上奏。玄宗征求李林甫的意见，李林甫说："这事我早就知道。不过陛下是在华山诞生的，那是王气所在之地，不能开凿，所以我也没说。"玄宗一听，认为李林甫才是真正忠爱自己的，而李适之即使不是图谋不轨，至少也是冒冒失失，因此对他极为不满。从此之后，皇帝对李适之渐渐疏远，一直到其被陷害致死。

与其同时在位的张九龄，也为人耿直忠贞。一次，唐玄宗想要破例提拔大字不识几个的牛仙客，张九龄认为玄宗这样做恐怕难孚众望，于是约同是宰相的李林甫一起到玄宗面前据理力争。李林甫当面表示赞同，但在晋见玄宗之后，却哼哼哈哈，几乎不置一词，在事后又私下讨好牛仙客。当玄宗重用牛仙客的主意已定之后，李林甫一面在暗地里攻击张九龄不识大体，一面又在玄宗面前鼓吹，说："天子用人，有什么不可以的呢?！"李林甫人前一套、背后一套，在很长一段时间里，众人尤其是皇帝都被他所欺骗，他也一直在朝中做了十九年的官。

娄师德之所以能够在当时险恶的官场中安然无恙，还有所建树，就是因为他善于处理和同僚，甚至下属的各种关系。别人称他是乡巴佬，下属对他不尊，尤其是"唾面自干"的故事，都充分说明了他小心翼翼地处理着各种关系，而这是和他异乎常人的宽容忍耐的胸怀是分不开的。在职场之中，像李林甫、李义府那样"口蜜腹剑"的人是经常有的。如果和他们相处时不多个心眼，不懂得加以提防，不懂得运用智慧去对待他们，到头来吃亏的只能是自己。

新官上任要确立自己的威严

"有权则威"，对一个领导者来说，威严是必不可少的。威严是权力最为重要的特点，领导需要依靠它来驾驭属下。身为领导者，除了必要的宽厚之外，最重要的是要有威严，以威严建信誉。对于属下要求要举止庄严，办事严谨，有法必依，有法必行。这样做的目的在于要精心地培养他们，使他们永远不会满足于已经掌握的知识与本领，不会因松弛懈怠而导致工作失误，更不会因虚度时光而后悔自责。领导没有威严，那么下属就会无所畏惧，无所畏惧则会乱来。

威严非常重要，对于那些新来乍到的新官而言就更是如此。然而，地位和权力并不等同于威严，为了取得权威、增加权威，便不得不人为地去树立。人一当官，不苟言笑，满脸的肃杀之气，动不动吹胡子瞪眼睛，骂人训斥人，人们就害怕他。大凡初做领导的人都有"新官上任三把火"，这"三把火"无非是杀鸡儆猴，树立做领导的威严。当然，做领导除威风八面之外，还要有具体的立威措施，把威严贯于管理之中才能威得久，威得大。

春秋齐国景公执政时期，强大的晋国出兵攻击齐国的阿、甄之地，燕国入侵河上，齐国的军队打了败仗。为了扭转败局，急需选拔和任用智勇双全的将领。时任相国的晏婴向齐景公推荐了大军事家司马穰苴，说他"文能服众，武能威敌"。于是景公立即召见司马穰苴，请他谈论有关治军、用兵的方略和法则。司马穰苴在军事上的杰出见解，让景公深为折服，于是景公拜之为将军，带兵迎击燕、晋的军队。

尽管得到了得到景公的认可，手握全国兵权，司马穰苴也并没有得意忘形，他首先想到的是自己在部队中的权威问题。他对景公说："我出身卑贱，您把我从乡里提拔上来，让我的职位在大夫之上，一时之间，士卒还不拥护我，百姓还不信任我，我实在是人微权轻。为了方便开展工作，希望你能派一个亲近的大臣，又在全国享有威望的人来做我的监军。"景公答应了他的请求，并派自己的亲信大夫庄贾前去担任监军。

司马穰苴与庄贾约定："明日中在辕门相会。"第二天，穰苴便提前到达，并让手下人把计时的沙漏准备好。不料这庄贾平日骄纵惯了，一旦身为监军，那就更加不可一世，他想既然自己是监军，大将军自然要让自己三分，所以不急不忙。当时，亲朋好友来送他，他就和众人一起饮酒作乐，直到傍晚才来到军中。穰苴质问他："为什么迟到？"庄贾轻描淡写地说："亲戚和同事来送我，所以耽误了一下。"穰苴慷慨陈词道："作为一个将领，接受了任务就要忘记小我之家，执行军法就要忘记私人感情，冲锋陷阵就要忘记个人安危。如今大敌压境，举国骚动。士卒风餐露宿于边境，国君寝食不安，百姓的命运，都操在你的手里，你怎么敢随随便便就因为个人的事情而耽误军务呢?!"于是召来军法官问道："按军法误了规定时限而迟到的，该怎么处理？"军法官说："应该斩首。"

庄贾害怕了，急忙派人飞马急报齐景公，请景公救他。然而，还未等到他派去的人回来，穰苴就已经把他斩了，并在军中示众。全军将士都大为惊惧，无不慑服。景公急忙派遣使者来救庄贾，慌乱之中，车马奔驰进入军中。穰苴又问管军法的人："在军中跑马，按军法该如何处置？"管军法的军官回报说："当斩。"穰苴说："君王之使不可杀。"于是就把使者的仆人，以及车的左骖、马的左骖也都斩了。此举一出，三军震撼，再没有人敢瞧不起新任统帅司马穰苴了。

三国时东吴的黄盖曾经做过石城县县官。他听说石城县的下属官吏们特别难指挥，于是就安排两个人当主管，分别管理各部门事务，并告诉他们说："我是靠打仗立功才当官的，不擅长管理。现在外来侵犯的敌人还没打败，我负责领兵打仗的军务，县里一切公文案卷就委托给你两人了。你们要管理好各部门，纠正并处分犯错误的人。你们各负其责，遇事最好按我交代的办。如果你们刁奸欺骗，我决不只用鞭子抽你们，而是要从严处置。希望你们都尽心尽力，不要在众人之先受处分。"两人听了，起初都勤勤恳恳地办公事。而黄盖也对这些事情也从来不闻不问，时间长了，两主管认为黄盖根本不看公文案卷，就慢慢营私舞弊起来，对下面也放任自流。黄盖对此心知肚明，于是把全县所属的官吏们都请来赴宴，正当大家吃到兴头上时，黄盖把两位主管叫来，当着众人的面把一件一件违法徇私的事问他们。两人张嘴结舌，说不出话来，磕头请罪。黄盖说："我已经告诫过你们了，决不会用鞭子抽你们，这不是说假话。"于是就把两人的头砍了。这事震惊了全县，下属官吏们以后都战战兢兢，安分守己。

雍正元年（1723 年）七月，新登帝位的雍正偶然间发现一本文书中落了一个字，此时他正急于建立自己的权威，于是把大臣们都找来，并训诫他们说："你们不要以为小事就可以疏忽。抄写漏字虽然是文书官员的事情，但如果你们肯用心细问的话，也不会出现这样的错误。如果大学士把责任推给学士，学士推给侍读，侍读再推给中书，那么我也可以把过错都推给大学士。类似这样的小错不断，就会让天下的人都怀疑朕和大学士平时连奏折都不看，这还了得？"同年九月初五，雍正参加一次祭祀活动，无意中发现端门前新设立的更衣帐房内油气蒸熏，气味难闻，于是龙颜大怒，斥令主管工部的廉亲王允祥以及工部侍郎、郎中等人在太庙前跪了整整一夜。雍正二年（1724年）四月某一天，雍正升殿，见到刑部官员李建勋、罗檀在群臣还没有落座的时候，也不行礼就坐下了，顿时下令将李、罗两人拿交邢部问罪，并告诫百官说："朕见这几年上朝的礼节执行得很松弛，这是个不好的苗头，必须狠抓。今后如果再有类似的失礼事情发生，我就要杀了这两个人了，到时候可别说是我要杀人，而是你们杀了他俩。"

　　杀人以树威的方法，在古代曾被人们反复使用。像诸葛亮杀马谡、曹操杀杨修，都是为了杀人以树立自己的威信。用这种方法对付那些听不进劝告的下属，可以从根本上打掉他们的威信，从而提高工作效率。司马穰苴杀庄贾以及齐王使者的仆人等，其实都可以算是穰苴有意为之。试想，一个乡下的农民，突然被国君提拔成三军统帅。如何在短时间内让自己的下属信服，特别是让那些有权有势有功的将领信服，这是穰苴面临的一个巨大问题。同样地，黄盖做县官的时候，人们一定以为他身为武将，不懂政事，因此毫无威严。而能够在赤壁之战中想出苦肉计的黄盖，当然是一个聪明人。黄盖这一杀，威严就自然上来了。雍正"借题发挥"，抓住下属的一个小错、一件小事大做文章，以达到震慑下属的目的，这样做可以使下属心怀畏惧，不敢轻举妄动，从而树立起自己的权威。如果仅从这些例子来看，雍正仅仅通过训斥或略施薄惩的行为来立威严，比动不动就开杀无疑要"文明"许多。这些"新官"们手段多样，目的只有一个，那就是建立自己的威严，为以后打下牢固的根基。

识人在先，善用在后

　　人们都说"人尽其用"，但是，不会识人，又谈何用人？因此，在用人时一定要做到全面了解，识人是用人的第一步。古语有云：千里马常有，而伯乐不常有。因为各种原因，那些真正有才能的人，往往隐没在人群之中，得不到重用；即便用了，却往往没有用到合适的地方，或者大材小用。这就是不识人的结果。

春秋时期，卞和前后两次献和氏璧给楚王，但是皆被认为是以假欺君，先后被砍去双脚。人才就和和氏璧一样，之所以不被重视和重用，多半不是因为没有才华，只是用才者常常被诸多表面现象所迷惑，进而不识。在识人时，不能以个人的好恶来决定其高低，因为人的兴趣、爱好、观点各有差异，以一己之见来判断某人是否为贤才，一定会失之偏颇。

三国时期，刘备在未得诸葛亮之前，在识人标准上存在很大的问题。他往往只以个人的喜好作为识人标准，凭个人的印象和臆测来选识人才，其虽有关羽、张飞、赵云等武将，但是文臣仅有孙乾、糜竺之辈。他也常叹自己思贤若渴，身边无人才，以至于流落天下。第一次见到"水镜先生"司马徽时，他竟无端埋怨说："我刘备也曾只身探求深谷中的贤士，但是却没有见到什么真正的人才"。司马徽批驳了刘备的观点，他说："孔子曰'十室之邑，必有忠信'，怎么能说无人才呢？"继而又向他指出，他当时所处的荆襄一带就有奇才，应该去求访。刘备恍然大悟，这才有了后来的多次邀约诸葛亮出山相助。

刘备后期最为器重的人才，除了"卧龙"诸葛亮之外，就是道号"凤雏"的庞统。庞统早年便与诸葛亮齐名于荆州。时人评价他们的经典言语是："卧龙凤雏，得一而可安天下。"由此可见，庞统也怀有惊天纬地之才。然而在诸葛亮成为刘备的军师之时，庞统仍然怀才不遇。吴国都督周瑜帮助刘备攻取荆州时，庞统仅为掌管区区一郡人事的功曹。周瑜去世后，庞统送葬到吴地。吴人多闻其名，因此，当他要西返荆州时，众多知名人士齐会昌门，为他送行，在聚会上，庞统一针见血地品评当时人物，他说："陆绩可以算是驽马，有逸足之力；顾劭可以算是驽牛，能负重致远。"接着，他又对全琮说："你好施慕名，虽智力不多，也不失为一时之选。"顾劭去见庞统，并问他："您有善于知人之名，你说说，我和您相比，怎么样？"庞统说："讲到陶冶世俗，甄别人物，我自然比不上您，但是，如果论帝王之秘策，揽倚伏之要最，我可就比您强一点了。"

刘备占据荆州之后，庞统来投，但是刘备见他其貌不扬，并未重用，仅仅以从事守耒阳令任之。庞统在任不理县务，治绩不佳，被免官。刘备更加认为他名不副实。但吴将鲁肃写信给刘备，推荐庞统，说庞统之才不只百里，如果让他做治中、别驾等官职，才能稍微施展他的才能。诸葛亮也向刘备极力推荐庞统。于是，刘备再次召见庞统，并和他纵论上下古今，这一次深为折服，于是对他大为器重，并任命他为治中从事。此后，刘备倚重庞统的程度仅次于诸葛亮。

庞统正是实现隆中战略不可或缺的重要人才，他的加盟，为刘备集团提供了进一步飞跃的契机。在当时的情况下，进占益州和巩固荆州是同等重要的大事。要同时完成这两件大事，必须要有诸葛亮一流的人才协助刘备才行。综观刘备早期的谋臣团，糜竺、孙乾、简雍、伊籍等人，都是人才，但运筹帷幄，决胜千里实非其所长。而庞统不但学识渊博，善于鉴别人物，而且有运筹帷幄的本领，正适合协助刘备进占益州。实际上，在入川过程中，庞统也用出色的表现证明了自己的能力：他不但协助刘备作出了几次意义重大的正确决策，而且以其独有的聪明才智，使刘备摆脱了信义宽仁等观念的束缚，为日后平定西川奠定了坚实的基础。

晚清时期，李鸿章所率淮军收罗了不少猛将，一次，李鸿章想让自己的老师曾国藩给他们"相相面"，看看他们的潜力。曾国藩在李鸿章的陪同下，悄悄地来到淮军营地。淮军的将士们不知道将帅的到来，有的赌酒猜拳，有的倚案看书，有的放声高歌，有的默坐无言。其中独有一人袒着肚子坐在南窗之下，左手端《史记》，右手端酒，诵读一篇，便饮酒一杯，有时还情不自禁地长啸起身，大有旁若无人的情景。在回来的路上，曾国藩对李鸿章说：众位将领都可以立大功，任大事，但是成就最大者，就是那个裸腹读书之人。

此人就是后来成为淮军名将的刘铭传。淮军自程学启死后，刘铭传成为诸将之首，也成为曾国藩部下的主力。由于多次在和捻军战斗中的杰出表现，后来被提升为直隶提督。曾国藩离开徐州担任直隶总督之后，刘铭传最终以"河防之计"，将"太平天国"这场轰轰烈烈的农民起义镇压下去。刘铭传战功煊赫，朝廷下令封其为一等男爵。曾国藩去世后，刘铭传又多次担任要职，他还是中国近代提议兴修铁路的第一个政府高级官员，而他在中法战争和保卫台湾等战争中所做的贡献，也都证明了曾国藩对他的鉴别和期待。

正像韩信评价刘邦"不善将兵，但善将将"那样，身为一个领导者，最为重要的就是识别并运用人才。刘备用人的一个显著特点是，一旦他认为是个人才，就必定能够人尽其用，而且用人不疑。但是，他却缺少识人之明，因此就连庞统这样不可多得的人才，他也差一点错失。而曾国藩却颇知识人之奥妙，不但如此，他还能看透这个人的潜力和前途。正因为此，他才能知人善用，让他们成为自己迈向成功的最佳帮手。

唯才是举，要"猛兽"不要"病猫"

世上并不是没有人才，而是用人的人不能正确使用。选人用人的正确程序应该是，正确地考察、准确地评价一个人，进而对使用这个人的风险进行评估，并使他能够发挥应有的作用。历史上任何一个成功的领导者，都有求贤若渴的胸襟。他们在考量部属的时候，唯一的标准就是是否有才干。有才干者加以重用，没有才干者则宁愿弃之不用，至于身份、出身、经验等方面的外在因素，一般都不怎么重视。人总难免会有这样那样的缺点，但真正能够为己所用才是最重要的。反过来说，那些没有才能的人，即使地位再高、出身再好，也宁愿不用。

汉高祖刘邦，年轻的时候，文不能文，武不能武，30多岁，还仅仅是一个小小的泗水亭长。然而，正是他打败了天下无双的项羽，建立了中国历史上时间最长的汉朝。他之所以成功，在很大程度上是因为他知人善用，唯才是举。

刘邦自己也知道这一点。在一次庆功宴上，他对群臣说："得失天下的原因，须从用人上说。试想运筹帷幄，决胜千里，我不如张良；坐镇国家，抚养百姓，我不如萧何；统百万雄兵，战必胜，攻必取，我不如韩信。这三人都是当今英杰，我能委以任用，所以能得天下。而项羽有一个范增，尚且不知道加以运用，这就是他失败的原因。"

由于自己出身平民，刘邦用人也从来不拘身份、地位，总是能够唯才是用，甚至不顾对方原来是自己的敌人。张良原是韩国贵族，曾结交刺客狙击秦始皇于博浪沙。后来，他向刘邦提出不立六国后代，联结英布、彭越、韩信等军事力量的策略，又主张追击项羽，彻底消灭楚军，这些建议均为刘邦所采纳。萧何曾是沛县小吏，他参加辅佐刘邦起义，当起义军进入咸阳时，不但及时规劝刘邦不能贪图享乐，而且及时取出秦政府的律令图册，很快地熟悉了各种法律条文和全部山川险要、郡县隘口等情况，为以后刘邦治理关中打下坚实基础，他还举荐韩信为大将。楚汉争霸时，他以丞相身份留守关中这一战略要地，源源不断地向前线运送兵源粮草，使刘邦终于能够取胜。韩信则原是贫穷潦倒的流浪汉，他曾在项羽手下做一名管粮草的小官。投向刘邦后他才被重用，并用兵如神，屡建战功，成为刘邦战胜项羽的关键人物。

除了这最重要的三人之外，刘邦官僚集团中的其他成员，也都是来自不同社会阶层、有着不同出身和阅历。但他们有个共同点，那就是都是贤能人物。陈平出身贫寒，在做小官时曾经贪污受贿，且和嫂子曾有暧昧关系，有"盗嫂受金"的讽名。投奔刘邦之后，他为创建汉王朝做出了重大贡献。曹参曾为秦朝的狱吏，但在追随刘邦之后，"身被七十创，攻城略地，功最多"。周勃曾靠编织养蚕用的蚕箔为生，还常给办丧事的人家吹箫，后来做了一名能拉强弓的勇士，在刘邦军中，他在一系列的作战中总是能当先破敌。此外，樊哙原是宰狗的屠夫；灌婴曾是布贩；夏侯婴曾是马车夫；彭越、黥布曾是强盗；孙叔通原是秦政府的博士；张苍是秦朝掌管文书档案的御史……如此等等，不一而足。这些人有着不同的出身和经历，但刘邦却都能重用他们，这充分说明刘邦唯才是举的用人标准。

刘道怜是南朝宋武帝刘裕的同父异母兄弟，他的母亲萧氏是刘裕的继母。刘道怜曾追随刘裕南征北战，屡立战功。在还未废晋自立之前，有一年，身兼扬州、徐州、州三地刺史的刘裕辞去了扬州刺史的职务，而任命自己才十四岁的二子刘义真担任此职位，镇守石头城。刘道怜很想担任这一职位，但又不好意思开口，便央求母亲萧氏代为说情。见到刘裕后，萧氏说："你兄弟曾与你同甘共苦，又立有战功，可以让他担当扬州刺史。"刘裕本来对萧氏极为恭敬孝顺，后来建立南朝宋时，刘裕还尊萧氏为太妃，但他十分了解自己的这位兄弟，刘道怜尽管追随自己四处征战，立有不少战功，但是为人蠢笨，才能平庸，又非常贪婪放纵，根本没有能力担任这么重要的职位。当时，刘裕也正准备夺取晋朝江山，扬州地理又非常重要。因此，思考再三，刘裕还是对萧氏说："扬州乃要害之地，关系到我的前途命运，要务繁多，道怜恐怕难以胜任。"萧氏一听，极为不快，问道："五十多岁的老道怜，难道不如十几岁的小义真吗？"刘裕解释说："我儿义真虽为刺史，但事无大小，都由我作主。道怜年纪已大，如果什么也都由我作主，恐怕不好。如果让他自己作主，又怕难以负重。无论是为国，还是为道怜着想，他都不适合担当此职。"萧氏这才无可奈何，只好作罢。

刘邦不像曹操、李世民那样文韬武略兼而有之，也不像康熙、朱棣一样借助龙脉血统，他所凭借的，就是一门用人之术。他之所以能够打败项羽，正像他自己所说的那样，在用人方面是远远超过项羽的。而这也正是一个领导者最为重要的本领之一。明白了刘邦唯才是举的胸襟之后，我们才能够明白，他之所以能够得到天下，并非偶然。刘裕摒弃个人感情，清醒地掌握着自己用人为官的原则和标准，要人才不要病猫，如果是个病猫，则坚决不用，正是因为他认识到用人对于他建功立业的重要性，所以原则性才会这么强。

管理是授权与控制的艺术

领导者所面临的各种事务总是十分纷繁复杂、千头万绪，任何领导者，即使精力、智力超群，也不可能独揽一切，因此必须把一些事情交给下属执行。不会授权或不愿授权的领导者，将给自己积聚愈来愈多的工作决策事务，使自己在日常琐碎的工作细节中越陷越深，甚至成为碌碌无为的"事务主义"者。到此地步，有些事已一拖再拖，另一些事可能根本无暇顾及，而许多需要领导者处理的大事却搁置在一边。另外，下级的积极性也受到压抑，工作失去了兴趣和主动性。

作为领导者，贵在学会科学地授权。授权，其实就是指上级在下达任务时，允许下属自己决定行动方案，并能进行创造性工作。合理授权，使领导者重在管理，而非从事具体事务；重在战略，而非战术；重在统帅，而非用兵。授权有利于领导者议大事、抓大事，居高临下，把握全局。合理地授权，能够使每个人感到受重视、信任，进而使他们有责任心，人人都能发挥所长。

当然，身为领导者，最为根本的权柄还是必须掌握在自己手中。授人以权柄，是为了使其发挥所长，为自己所管辖的区域内尽量多地做事，其前提仍然是为我所用。一旦授权过多，属下滥用职权，无所顾忌，则可能出现南辕北辙现象。说到底，管理学的智慧，就是保持授权和控制的微妙平衡。

周威烈王二十三年（公元前 403 年），已经瓜分了晋国的韩、赵、魏三家得到了周天子的册命，正式成为了韩、赵、魏三个新兴的国家。在魏国，促成这一历史性转变的国君是魏文侯。魏文侯在位期间，通过各种改革，魏国的经济得以迅速发展，国力逐渐强大，成为战国初期一个异常强盛的国家。而在这个改革图强的过程中，尊贤任能对魏国的繁荣起了重大作用。

魏文侯非常尊敬贤能。他对当时魏国的贤人段干木就礼遇到了无以复加的地步，被人们广为传诵。但魏文侯尊贤并不是做做样子，而是实实在在按才任用。他任人的最大特点是用其所长，充分授权，用而不疑。吴起是当时著名的军事家，但人们对他的为人颇有微辞。他曾在鲁国任将军，齐国攻打鲁国，鲁国打算任命他为抗击齐国的主帅。但由于吴起的妻子是齐国人，鲁国猜疑他，议而不决。为求功名心切的吴起竟然杀了妻子，以此表明自己和齐国没有任何关系。于是鲁国才任命他为大将，带兵攻打齐国，大破之。尽管取得了战争的胜利，但杀自己的妻子毕竟太过残忍，因此也给他招来了一大堆闲话。吴起最后受不了鲁君的猜疑，就投奔到了魏国。

文侯问大臣李克说，吴起是怎样的人？李克大约也听信了关于吴起的闲言碎语，说他"贪而好色"，但也并不因此而抹煞他的军事才能，说他用兵比得上司马穰苴。于是，魏文侯以吴起为大将，统领全国军队，自己不再过问。后来吴起用事实纠正了对他的一些不公正看法。他不仅带兵伐秦之时连拔五城，在带兵上也颇为廉平，常常和底层军官同甘共苦，因此"尽能得士心"。于是魏文侯任命他为西河守的重要位置，全力对抗秦、韩两强国。

乐羊也是魏国一位能干的大将。魏文侯打算发兵征伐中山国。有人向他推荐乐羊，说他文武双全，一定能攻下中山国。可是，又有人说乐羊的儿子乐舒如今正在中山国做大官，担心乐羊因此不肯下手。而魏文侯经过调查，了解到乐羊曾经拒绝了儿子奉中山国国君之命发出的邀请，还劝儿子不要追随荒淫无道的中山国王，于是，魏文侯决定重用乐羊，并派他出兵攻打中山国。不料，乐羊攻伐中山国，攻了两年多都未下其都城，引得朝中官员议论纷起。有的说乐羊不会破国毁子，有的甚至说乐羊与中山国暗中一定有勾结，不然以乐羊的本领怎么会连一个小小的中山国也久攻不下呢？可魏文侯认为，既然已经托付于乐羊，就应该让其自由发挥，作为主帅，他一定有自己的想法，因此对乐羊的信任始终不动摇。不久之后，乐羊果然置自己的儿子的请求于不顾，攻破了中山国。原来，乐羊久围而不攻，为的只是孤立无道的中山国国君，不忍城中百姓遭难。当乐羊凯旋回国之时，魏文侯拉出一箩筐诽谤他的书给他看。乐羊被魏文侯信己不疑的诚心所感动不已，自此更加忠诚。

正因为魏文侯尊贤任能、用人不疑，使他在当时获得了很高的声望，一大批人才都涌向魏国。在这些政治、军事人才的帮助下，魏国开创了其历史上最为辉煌的时代。

汉武帝也同样唯才是用，人尽其用，在他为帝时，任用了韩安国、主父偃、朱买臣、卫青、霍去病、李广、桑弘羊、公孙弘、董仲舒、张骞、苏武、司马迁、司马相如等，这些人都是人才，所以《汉书》中说："汉之得人，于兹为盛。"

不过，知道怎么识人和用人，仅仅是汉武帝一方面的人才政策，他还知道需要牢牢地把他们控制住，以免他们冒犯自己的权威。从他对待丞相的方法上就能看出来。汉初的丞相，都是开国功臣，当初和皇帝同甘苦共患难，忠心耿耿。开国后，当上丞相，位高权重，总摄朝政，大权独揽。皇帝对丞相的意见特别重视。丞相推荐的官员，可以直接任命到九卿、郡守的级别，而对于朝中群臣有过失的，丞相则可以先斩后奏。丞相的人事任免权，处理朝政大事的权力，甚至都超过了皇权。

汉武帝刘彻雄心勃勃，丞相有如此高的权力，对他来说当然不可容忍，于是采取种种措施，削弱丞相的权力，加以控制。武帝在位五十四年，换了十三位丞相，除公孙弘、田千秋等四人外，卫绾、许昌、薛泽等都被免相；李蔡、庄青翟和赵周畏罪自杀；窦婴、公孙贺和刘屈牦则被诛杀。比如，卫绾精通儒学和文学。他在汉武帝七岁时就负责教授太子文化知识，后来成为汉武帝的第一任丞相，由于卫绾年龄大了，因此力不从心，执政甚宽。在景帝生病期间，使一些无辜的人冤死在狱中，汉武帝很不满意，卫绾便借病辞官，汉武帝马上批准他还乡，卫绾就这样被免掉了相位。窦婴接替相位两年就遭到了罢免。他推崇儒术，因此贬低当权者窦太后尊崇的黄老之术，窦太后大怒，罢免窦婴丞相职位。后来，窦婴又被诬告，汉武帝终于将其斩首示众。许昌是窦太后任命的丞相，事事听从窦太后的命令。窦太后去世后，汉武帝因其治丧不力，将其罢官。丞相李蔡爱养狗，在汉景帝陵园前大道旁的空地上盖了个狗圈，被别的大臣弹劾亵渎先帝，侵占陵园，因此犯下重罪。李蔡不愿被大理寺收审查办，无奈自杀。丞相翟青，是因为跟酷吏张汤被害一案有关而自杀。张汤一向以酷刑暴虐闻名，傲慢无礼，对地位很高的"三长史"大耍淫威，又把文帝墓园失盗之事归罪丞相翟青，遭到四人痛恨，被举报出不法之事而自杀，张汤自杀后，汉武帝又感到后悔，就下令追查举报来源，结果诛杀了"三长史"：朱买臣、王朝、边通，丞相翟青也受牵连自杀。至于丞相公孙贺和刘屈牦都是因"巫蛊"之事受牵连而被斩杀。这些丞相被笼罩在汉武帝的强权光辉之下，尽管所犯错误都很小，有的甚至没有犯错误，但始终让皇帝感到自己受到了威胁。对于汉武帝来说，他需要严密地控制臣下。当然，汉武帝并没有像明太祖朱元璋一样废除丞相之位，只有一种人最合他的心意，比如，公孙弘七十多岁被任为丞相，他事事顺从皇帝的心意，从不决策任何政事，只用诗书礼乐来歌颂汉王朝统治，深受汉武帝喜爱。只有这样的丞相才能得到汉武帝的宠爱和信任。

对于领导们来说，授权，首先要用人不疑，信任是充分授权的基础。魏文侯充分授权于臣下，可以说是冒了一定风险的。他之所以敢于授权，可能是因为对他的臣下十分信任，相信他们能够不负所望；但是也有可能是在用自己的信任来激励部属。能够得到君主这样的信任，作为臣属怎能不鞠躬尽瘁、尽心尽力？反过来说，如果魏文侯授权并不如此充分，那么恐怕做臣下的努力也要大打折扣了，事情说不定就不会这么完满了。汉武帝任用人才也不拘一格，他使用凭真本事的人为官，特别是起用有开拓性的人才，但是他在授权之余，还不忘对他们加以控制，使之能够在自己的掌控之中，而不至于威胁到自己的地位和权威。对他来说，授权要授得彻底，控制也不能松懈。正是因为授权和控制相得益彰，他不但巩固了自己的权力，而且使他统治的时期成为我国历史上一个辉煌时代。

既要正激励，也要负激励

领导在管理的时候，既要正激励，也要负激励，这样才能真正调动下属的积极性。所谓正激励就是领导对下属符合自己期望的行为进行正面的引导，以使这种行为更多地出现。相反，所谓负激励，是指当下属的行为不符合自己的目标或者需要时，给予惩罚或批评，使之减弱和消退，从而抑制这种行为。不管是执行正激励还是负激励，都有以下原则需要加以遵守：第一，执行不能产生偏差，所谓"激励面前人人平等"，激励的时候，要全体下属一视同仁，只有毫无偏差才能让下属满意。第二，领导者要以身作则，做好榜样的带头作用。第三，把握激励的力度和尺度。正激励和负激励都不可滥用。第四，物质负激励与精神负激励相结合。物质负激励与精神负激励都是负激励不可或缺的组成部分，相辅相成。

三国时期的曹操深知如何激发臣属的能力。无论是正激励还是负激烈，他都十分重视，以身作则。他始终认为，作为一个将帅，自己的威信是从律己中来的。曹操常说："身不正则令不从，令不从则生变。"用通俗的话来说，那就是"榜样的力量是无穷的"。

渭水之战是三国史上一次最大规模会战，是曹操为平定关中，与马超等关中联军的最后决战。在渭水之战中，曹操为了在战术上构成犄角之势，稳定渡河军队，曹操亲自断后督军，结果引来了马超，险些送掉了性命。全靠许褚奋力死战，丁斐设计才被救了出来。照当时的情况看，作为几十万军队的统帅，曹操完全可以不冒此险。他之所以亲身犯险，身先士卒，是因为这样做可以稳定军心，激发将士战斗潜能，也让渡河队伍成功渡河。

曹操兵伐南阳张绣时，麦子尽管已经成熟，但是因为大兵将到，所以农夫们都逃避在外，不敢回家收割麦子。为了收买人心，曹操派人四处寻访当地父老乡亲和守境的官吏，说："我奉天子之命出兵讨逆，与民除害。今日正当麦熟时节，不得已而起兵。大小将校，凡经过麦田时有践踏者，都一律处死。军法严明，希望你们不要惊疑。"百姓听说后，大都欢喜称颂，都在路边拜谢。官军经过麦田时，都下马用手扶着麦子，相互传递而过，都不敢践踏。一天，曹操乘马经过一块麦田，忽然惊起田中一只斑鸠，曹操坐骑受惊，窜入麦田之中，踏坏了一大块麦田。曹操当即招行军主簿前来，追究自己踏麦之罪。主簿说："丞相岂可议罪？"曹操却说："我订的法，我自己却犯了，怎么能服众？"说完就拿起自己的佩剑，就要自刎。众将都急忙拦住。郭嘉说："《春秋》有言：法不加于尊。丞相统领大军，岂可自戕？"曹操沉吟良久，说："既然如此，我姑且免死。"于是用剑割下自己的头发，摔在地上说："暂且割发代替首级。"并派人将此事传告三军说："丞相踏麦，本当斩首号令，暂且割发代替。"于是三军悚然，都谨遵法令。

陈国瑞是晚清名臣曾国藩手下的一员悍将。他原是蒙古族将领僧格林沁的手下大将，没读过书，也没有什么修养，行为莽撞，天不怕地不怕，不过他却异常骁勇，有次打仗时，炮弹击碎了他手中的酒杯，他不但不避，反而抓起椅子，端坐在营房外，高叫"向我开炮"，使手下都很敬畏他。

僧格林沁死后，曾国藩担任剿捻重任，与陈国瑞军打上了交道。一次，陈国瑞所部与曾国藩手下刘铭传所统率的军队发生械斗，在调解的过程中，曾国藩感到只有让陈国瑞真心地服从自己，才有可能让他在今后真正为自己所用。于是，曾国藩先以凛然不可侵犯的正气打击了陈国瑞的嚣张气焰，历数了他的劣迹暴行，让他知道自己的过错，和别人对他的评价。但当陈国瑞灰心丧气时，曾国藩话锋一转，又表扬了他的勇敢、不好色、不贪财等优点，告诉他是个大有前途的将才，切不可以因为莽撞自毁前程，使陈国瑞又振奋起来。紧接着，曾国藩又坐到他面前，对他谆谆教导，还给他订下了不扰民、不私斗、不违令三条规矩，一番话说得陈国瑞口服心服，无言可辩，只得点头退出。

但是，所谓"江山易改，秉性难移"，陈国瑞的莽性如此，所以一回营就照样不理睬曾国藩所说的话了，依旧我行我素。看到软的作用不大，曾国藩马上请到圣旨，撤去陈国瑞帮办军务之职，剥去黄马褂，责令戴罪立功，以观后效，并且告诉他再不听令就要撤职查办，发往军台效力了。一想到那无酒无肉、无权无势的生活，陈国瑞立即表示听曾国藩的话，率领部队往指定地点。曾国藩软硬兼施，终于把陈国瑞给制服了。

激发部下的干劲有时候并不需要特意花费很大力气，也不一定要花大量金钱、给予优厚的待遇，而是有各种方法。领导者以身作则的激励手段，便可以使下属真诚地服从你的领导，心甘情愿地为你拼命工作。在当时的情况下，能像曹操一样，以身作则、身先士卒，在犯错的时候也能够表示自己不置身于法外，更能够在最大限度上达到这样的目的。

自古驭下有"恩威"两道。聪明的领导者擅长恩威并施、软硬兼行，曾国藩就是这样的人。他对陈国瑞的态度，既宠之，又惩之，使陈国瑞对他又敬又怕。一个有政治谋略的领导者就应该像他这样，常常能够以巧妙的手段，在各方面下手，使得臣下会更加忠心地效力于自己。

第五章

学会选择，懂得放弃

第一节

选择是人生的必修课

人生即是选择

人只要在追求，他就在选择。

人生有无限多个解。人生是不能被理性穷尽的一个无理数。每个人因为站在不同角度去看它、体验它，所以从中得出的有关人生的定义，也各有殊异。

但有一点是共同的——人生即是选择。

一位作者曾写过这样一篇文章：记得小时候，农村水果十分稀缺，经常和生产队里年龄相仿的小朋友，三个一群五个一组地爬树摘野山栗、紫桑葚之类，以解口头之馋。而每次爬树的时候，都会出现相似的情况：开始大家都从一棵大树底下往上爬，可越往上爬，树的分权越多，各人为了多采点果实，便选择了不同树枝。结果起点完全相同的小朋友们，各自爬到了不同的方向和高度上，有的站在又高又稳的主干枝头上，有的蹲伏在摇摆不定的侧枝上，还有的停留在树杈间……下来的时候，有的满载而归，有的略有所获，还有的空手而回。

现在想来，小时候的爬树，与人生的历程又是何其相似？生活中我们经常不知不觉地走到"十字"甚至"米"字路口，让你去选择，而正是这一次次的选择决定了我们今天的社会位置和人生状况。

人生似一条曲线，起点和终点是无可选择的，而起点和终点之间充满着无数个选择的机会。

在人生的旅途上，你必须作出这样的抉择：你是任凭别人摆布还是坚定自强，是总要别人推着你走，还是驾驭自己的命运，独当一面。

不少人的生活就像秋风卷起的落叶，漫无目标地飘荡，最后停在某处，干枯、腐烂。

为了促进个人的成长，达到个人的幸福，你必须学会驾驭生活。你必须自己选择服装、选择朋友、选择工作和奋斗目标。

很多人都会处于何去何从、前途未卜的十字路口，这是人生决定性的时刻。决定性的选择需要果断和勇气。这果断和勇气，有猜测和赌博的成分，但更多的来自知识和智慧的判断。

人人都会面临各种各样的危机，如信仰危机、事业危机、感情危机，等等。在危机当中，正确的选择和变动，会使我们积累起一种新的力量，重新面对世界。

在每个人的身上，都有一种十分强大的力量潜藏于体内，如果你无法发现它，它就永远处于冬眠状态，在人生的路途中你将无法发挥自身的创造力，更无法实现你的人生追求与梦想。

虽然选择的权利在你的手中，但许许多多的人并没有使用这一权利。也许这就是成千上万的人活得碌碌无为的最为直接的原因。

拿破仑选择了当时法国大革命以展示其军事指挥才干，才由一个科西嘉小子成为一代伟大的统帅；比尔·盖茨因为选择了开辟个人电脑时代，才由一名仅上过一年哈佛的准大学生成为世界首富。

不是有才能就一定能成功，世界上许多有才干的人并不是成功人士。这是因为他们没有选对发挥自己才干的舞台。

如果你想实现自己的人生价值，千万别忘了选择，因为只有选择才会给你的生命不断注入激情；也只有选择才能使你拥有把握自己命运的伟大的力量；也只有选择才能把你人生的美好梦想变成辉煌的现实。

把握命运的伟大力量

选择是把握自身命运最伟大的力量。

谁掌握了选择的力量，谁就掌握了人生的命运。

人生的任何努力都会有结果，但不一定有预期的结果。

错误的选择往往使辛勤的努力付诸东流，甚至使人生招致灭顶之灾。

只有正确地选择了，所付出的努力才会有美好的结果。

或许你自己都没有意识到这点，只有当你面临困境的时候，你才会发现这种潜在的力量。

一群迁徙的野牛在行进途中，突遭数只凶猛猎豹的袭击。刚才还是悠然自得的牛群顿时像炸了窝的马蜂，惊恐着四处奔逃，躲避着猎豹，逃脱着死亡。一只只野牛在奔逃中被扑倒，没有搏斗，连挣扎也是那样有气无力，只是哀鸣了几声，就成了猎豹的食物。

突然，一只看似弱小的野牛，就在快被猎豹追上的刹那，突然转向，全身奋力后坐，努力将身体的重心后移，奔跑的四蹄成了四条铁杠，直直地斜撑在地上，身体周围腾起一股浓浓的尘土，如同爆响的炸弹掀起的浪。在这生与死的千钧一发之际，这只小小的野牛停住了。

急停下来的小野牛，不但没有被猎豹吓倒，反而是愤怒地沉下头，接着又仰起头顶上那一双尖尖的硬硬的牛角，猛抵向冲过来的猎豹。那只不可一世的猎豹，还没有看清眼前发生的一切，就被小野牛的尖角抵住了身体，扎进了肚子，被高高地捅起，抛向空中。

顿时，情况急转直下，奔逃的野牛们还在拼命地奔逃，而其他猎豹却惊呆了，先是顿立，继而掉头逃走了。

我们不知道为什么唯有那只小野牛不像它的父母兄弟姐妹

以奔逃求生，而选择回首痛击，去战胜自己所面临的死亡。但它的行为却给了我们许许多多的启迪和联想。

生活中的困难多于幸福，人生中的磨难多于享乐。人不应在困难中倒下，而要努力在困难中挺起。因为当你重新作出选择的时候，你就会拥有一种连自己都不相信的力量，而这种力量会使你战胜困难，同时使你的人生像初升的太阳一样，突破云层，升起在蔚蓝的天空中。

很多时候，我们需要积聚起一种新的力量，重新面对世界。面临危机，你必须作出选择，这如同你不会游泳却被人推到河里一样，除了学会游上岸让自己不至于被淹死外，别无生路。

有时候，选择使人痛苦，尤其是当被选择的诸对象对你具有同等吸引力的时候。

人生的悲哀，莫过于自己不会选择，或者不去选择。只有依靠自己的选择，才能掌握自己的命运；只有正确的选择，才有成功的人生。

选择伴随着每个人的一生，并决定了每个人一生的成败和优劣。选择比性格更有力量，选择比努力更有力量，选择比才干更有力量，选择是人生最伟大的力量。

地图人生

地图上的路有千百条，但你找不到一条始终笔直平坦的路。人生的道路也是这样，充满崎岖坎坷。如果你想选择一条始终笔直平坦的路，那你将无路可走。生活是一条曲折漫长的征途——既有荒凉的大漠，也有深幽的峡谷；既有横亘的高山，也有断路的激流。只有矢志不渝地前进，才能赢得光辉的未来；只有顽强不息地攀越，才能登上理想的巅峰。人生道路，就是这么不平坦，坑坑洼洼，曲曲折折——既有得意者的欢欣，也有失败者的泪水；既有顺利者的喜悦，又有受挫者的苦恼。正是因人生像条曲线，生命才变得充实而有意义。当一个人走完了自己的坎坷旅程，蓦然回首时，他定会为自己留下的曲折而执著的印迹而欣慰，对大千世界报以满意的一瞥……人生的曲线，予人信心，给人希望，激人奋进，展示了人类奋斗的力量和过程的壮美。的确，人生是一条曲线，我们畏头缩颈又有何用？倒不如昂起头来，大踏步前进为好。

地球上的路有千百条，但每一条路都只能走向一个既定的目标。一个人，不可能同时向南又向北。路只能一步一步地走，目标只能一个一个地实现。你如果什么都想要，最终便什么也得不到。太多的幻想，往往使人不知如何选择。当你还在举棋不定时，别人或许已经到达目的地了。托尔斯泰说："人生目标是指路明灯。没有人生目标，就没有坚定的方向；而没有方向，就没有生活。"在人生的竞赛场上，无论一个多么优秀、素质多么好的人，如果没有确立一个鲜明的人生目标，也很难取得事业上的成功。许多人并不缺乏信心、能力、智力，只是没有确立目标或没有选准目标，所以没有走上成功的道途。这道理很简单，正如一位百发百中的神射击手，如果他漫无目标地乱射，也不会在比赛中获胜。

在人生旅途，选择什么样的路，当量力而行。要学会选择，学会审时度势，学会扬长避短。只有量力而行的睿智选择才会拥有更辉煌的成功。

"成名成家"固然充满风光，但绝不是每一个人都可以实现，"心想事成"只不过是美好的愿望。有信心是重要的，但有信心不一定会赢，而没信心却一定会输。人生的学问，其实就是"量需而行，量力而行"。要想获得快乐的人生，你最好不要像过去那样行色匆匆，不妨停下脚步，暂时休息一会儿，想一想自己需要什么，需要多少。想一想有没有这样的情况：有些东西明明是需要的，你却误以为自己不需要；有些东西明明不需要，你却误以为自己需要；有些东西明明需要得不多，你却误以为需要很多；有些东西明明需要很多，你却误以为不怎么需要……

一张地图，一次人生，二者何其像也！

看清"气候"再决断

一个人很难有足够的预知能力来决定命运，你无法预知未来是朝哪个方向发展。但也并不是说，我们只能被动地随波逐流，任凭命运摆布。我们可以睁大眼睛看清时势，再作出有利自身的选择。既然环境不容易改变，不如先改变我们自己：看清周围的"气候"，然后灵活应对，只有这样才能明辨是非，趋利避害。

一般说来，社会"气候"是很难改变的。这种"大气候"一旦形成，通常几年、几十年乃至上百年都不会有太大的变化。一个人在这种社会气候中只能接受，而不会有太大的改动余地。不接受对你没有什么好处，如屈原，感叹自己生不逢时，"举世混浊而我独清，世人皆醉而我独醒"，可结果呢，却不为世道所容，怀石沉江。

"大气候"不易改变，"小气候"总是还有让人发挥的余地的。一个人在家庭、职场的活动中，只要努力追求，总是会有很大的空间。

分清自己所处的"大气候"和"小气候"，明白自己的位置，清楚活动的空间，辨别生活的利害，采取适当的手段，对于一个人来说，并不是很难的事情。

韩信，淮阴人，少时"贫无行"，不会谋生，"常寄食于人，人多厌之者"。曾有一恶少年侮辱他，让他钻裤裆，韩信就钻了，"市人皆笑（韩）信，以为怯（懦）"。但"其志与众异"，他是位"忍小愤而就大谋"的"盖世之才"。

韩信在拜将之前，就向刘邦提出"以天下城邑封功臣，何所不服"的建议，表明他胸怀大志，意在封王，他不懂得分封制度在当时已不合历史潮流。

韩信出身贫民，却满脑子分封思想。刘邦虽然曾"自以为得（韩）信晚"而任他为大将，但刘邦始终没有像相信萧何、张良那样把韩信作为心腹对待，因为韩信总热衷占据一方，封王封土，怎么能让刘邦放心呢？

刘邦坐稳了江山之后，看到韩信握有重权，并且深得军心，不由得十分担忧。他宴请群臣，面对臣下的恭贺，也忧心忡忡。张良察言观色，明白了是刘邦害怕功高之人今后难以控制，就私下对韩信说："你是否记得勾践杀文种的故事？自古以来，只可与君主共患难，而不可与其同享富贵。前车之鉴，后车之师啊！我们要好自为之。"

韩信尽管认为张良的话有道理，但他对刘邦还是抱有幻想，他认为是自己帮助刘邦成就了帝业，刘邦怎么会忘恩负义呢？可是不久，便有奸佞之臣诬告韩信恃功自傲，不把皇帝放在眼里。刘邦更是不满于韩信的所作所为，不久，就设计解除了韩信的兵权。后来，韩信为吕后所拘杀。

韩信错就错在不看清"气候"，不识时务而作出了错误选择，即使才略满腹最终也成为一个悲剧人物。人处在一个复杂的社会里，人际关系错综复杂，世事诡变难以预料，只有顺应时势，伺机而动，才能在社会上立足扎根。

选择面前别固执

两个贫苦的猎人靠上山打猎为生。有一天他们在山里发现两大包棉花，两人喜出望外，山里猎物不好打，而将这两包棉花卖掉，足可让家人一个月衣食无虑。当下两人各自背了一包棉花，便赶路回家。

走着走着，其中一名猎人眼尖，看到山路有着一大捆布，走近细看，竟是上等的细麻布，足足有十多匹之多。他欣喜之余，和同伴商量，一同放下肩负的棉花，改背麻布回家。

他的同伴却有不同的想法，认为自己背着棉花已走了一大段路，到了这里又丢下棉花，岂不枉费自己先前的辛苦，坚持不愿换麻布。先前发现麻布的猎人屡劝同伴不听，只得自己竭尽所能地背起麻布，继续前行。

又走了一段路后，背麻布的猎人望见林中闪闪发光，待近前一看，地上竟然散落着数坛黄金，心想这下真的发财了，赶忙邀同伴放下肩头的麻布及棉花，背起黄金。

他的同伴仍是那套不愿丢下棉花以免枉费辛苦的想法，并且怀疑那些黄金不是真的，劝他不要白费力气，免得到头来空欢喜一场。

发现黄金的猎人只好自己背了两坛黄金，和背棉花的伙伴赶路回家。走到山下时，无缘无故下了一场大雨，两人在空旷处被淋了个透。更不幸的是，背棉花的猎人肩上的大包棉花，吸饱了雨水，重得完全背不动，不得已，他只能丢下一路辛苦舍不得放弃的棉花，空着手和挑金的同伴回家去。

面对机会的来临，人们常有许多不同的选择方式。有的人会单纯地接受；有的人抱持怀疑的态度，站在一旁观望；有的人则顽固得如同骡子一样，固执地不肯接受任何新的改变。而不同的选择，当然会导致迥异的结果。许多成功的契机，起初未必能让每个人都看得到深藏的潜力，但起初抉择的正确与否，往往就决定着成功与失败的分野。

在人生的每一个关键时刻，审慎地运用你的智慧，做最正确的判断，选择属于你的正确方向。同时别忘了随时检查自己选择的角度是否产生偏差，适时地加以调整，千万不能像背棉花的猎人一般，只凭一套哲学，便欲渡过人生所有的阶段。

成功既不是全盘接受，也不是全盘放弃，而是在情况发生变化时能够及时修正自己的目标和行动。放掉无谓的固执，冷静地用开放的心胸去做正确抉择。每次正确无误的选择将指引你永远走在通往成功的坦途上。

愿望与现实之间

1865 年，美国南北战争结束了。一名记者去采访林肯，他们有这么一段对话：

记者："据我所知，上两届总统都曾想过废除农奴制，《解放黑人奴隶宣言》也早在他们那个时期就已草就，可是他们都没拿起笔签署它。请问总统先生，他们是不是想把这一伟业留下来，让您去成就英名？"

林肯："可能有这个意思吧。不过，如果他们知道拿起笔需要的仅是一点勇气，我想他们一定非常懊丧。"

记者还没来得及问下去，林肯的马车就出发了，因此，他一直都没弄明白林肯的这句话到底是什么意思。

直到 1914 年，林肯去世 50 年了，记者才在林肯致朋友的一封信中找到答案。在信里，林肯谈到幼年的一段经历：

我父亲在西雅图有一处农场，农场里有许多石头。正因如此，父亲才得以用较低价格买下它。有一天，母亲建议把上面的石头搬走。父亲说，如果可以搬走的话，主人就不会卖给我们了，它们是一座座小山头，都与大山连着。

有一年，父亲去城里买马，母亲带我们到农场劳动。母亲说，让我们把这些碍事的东西搬走，好吗？于是我们开始挖那一块块石头。不长时间，就把它们弄走了，因为它们并不是父亲想象的山头，而是一块块孤零零的石块，只要往下挖一英尺，就可以把它们晃动。

林肯在信的末尾说，有些事情人们之所以不去做，只是因为他们认为不可能。而许多不可能，只存在于人们的想象之中。

每个人都有一大堆的愿望，但他们却很难踏上实现的征程，影响他们作出选择的因素有时候很简单，那就是勇气。他们因为恐惧而害怕选择自己认为不可能的愿望，因此也错过了成功的机会。

如果你有一个不可战胜的灵魂，那么无论在你身上发生什么事，无论面前有多么大的困难，都无法影响到你。当你意识到自己从伟大的造物主那里获得源源不断的能量时，能真正影响到你的事情就少之又少了。因为，无论什么事情降临在你身上，你都可以保持内心的平静。

那些成功的人们，如果当初都在一个个"不可能"的面前，因恐惧失败而退却，而放弃尝试的机会，他们就不可能获得成功，他们也将平凡。没有勇敢的尝试，就无从得知事物的深刻内涵，而勇敢作出决断了，即使失败，也由于对实际痛苦的亲身体验，而获得宝贵的经验，从而在命运的挣扎中，愈发坚强，愈发有力，愈接近成功。

不甘平凡，勇敢地挑战自我、挑战潜能，下定决心，铁了心去做。你可能面对不同的局面，但必须要时刻记住：要为梦想去奋斗，你有信心获得成功，你就能成功，因为，你体内有一股巨大的潜能。你勇敢，困难便退却；你懦弱，困难就变本加厉地折磨你。你勇敢，就可能成功；你懦弱，则肯定会失败。

人生，不论到了哪一步境地，只要你还有勇气向成功挑战，你就还没有失败。所谓失败，都可以算作你的宝贵经验，是可以创造财富的。所以，只要勇气还在，你就有望赢得胜利，你就可以立于不败之地！

大胆地选择

20世纪初，有个爱尔兰家庭想移民美洲。他们非常穷困，于是辛苦工作，省吃俭用三年多，终于存够钱买了去美洲的船票。当他们被带到甲板下睡觉的地方时，全家人以为整个旅程中他们都得呆在甲板下，而他们也确实这么做了，仅吃着自己带上船的少量面包和饼干充饥。

一天又一天，他们以充满嫉妒的眼光看着头等舱的旅客在甲板上吃着奢华的大餐。最后，当船快要停靠爱丽丝岛的时候，这家其中一个小孩生病了。做父亲的找到服务人员说："先生，求求你，能不能赏我一些剩菜剩饭，给我的小孩吃？"

服务人员回答："为什么这么问？这些餐点你们也可以吃啊。"

"是吗？"这人说，"你的意思是说，整个航程里我们都可以吃得很好？"

"当然！"服务人员以惊讶的口吻说，"在整个航程里，这些餐点也供应给你和你的家人，你的船票只是决定你睡觉的地方，并没有决定你的用餐地点。"

很多人也有相同的情况，他们以为他们"被带去看"的地方就是他们一辈子必须待的地方，他们不明白，他们可以和其他人一样，享受许多同样的权利。成功是要寻访、要共享、要想办法接近的。

过去的已经过去，现在你正在为灿烂的明天打基础。正如一位哲人所说："无论你身处何境都要有自己的选择。"只有大胆的选择才能将你从贫困带到富裕，从逆境带到顺境，从失败带到成功。

选择强者做对手

1996年世界爱鸟日这一天，芬兰维多利亚国家公园应广大市民的要求，放飞了一只在笼子里关了4年的秃鹰。事过三日，当那些爱鸟者们还在对自己的善举津津乐道时，一位游客在距公园不远处的一片小树林里发现了这只秃鹰的尸体。解剖发现，秃鹰死于饥饿。

秃鹰本来是一种十分凶悍的鸟，甚至可与美洲豹争食。然而它由于在笼子里关得太久，远离天敌，结果失去了生存能力。

无独有偶。一位动物学家在观察生活于非洲奥兰治河两岸的动物时，注意到河东岸和河西岸的羚羊大不一样，河东岸羚羊奔跑的速度比河西岸羚羊每分钟要快 13 米。

他感到十分奇怪，既然环境和食物都相同，何以差别如此之大？为了解开其中之谜，动物学家和当地动物保护协会进行了一项实验：在两岸分别捉 10 只羚羊送到对岸生活。结果送到西岸的羚羊发展到 14 只，而送到东岸的羚羊只剩下了 3 只，另外 7 只被狼吃掉了。

谜底终于揭开了，原来东岸的羚羊之所以身体强健，只因为它们附近居住着一个狼群，这使羚羊天天处在"竞争氛围"中。为了生存下去，它们变得越来越有"战斗力"。而西岸的羚羊身体较弱，奔跑也不快，恰恰就是因为缺少天敌，没有生存压力。

上述现象对我们不无启迪，生活中出现一个对手、一些压力或一些磨难并不是坏事。一份研究资料说，一年中不患一次感冒的人，得癌症的概率是经常患感冒者的 6 倍。至于俗语"蚌病生珠"，则更说明问题。一粒沙子嵌入蚌的体内后，蚌将分泌出一种物质来疗伤，时间长了，便会逐渐形成一颗晶莹的珍珠。

什么样的对手将造就什么样的自己。

生活中有各种各样的笼子，不少人的处境和那只笼子里的秃鹰差不多。虽然它能让人乐而忘忧、流连忘返，但毕竟是笼子。可以设想，最后的结局和那只秃鹰没有什么两样，所以一定要选择一个强者做对手。

有所为有所不为

"有所为有所不为",这是中国的一句哲理名言,"有所为"是主动选择,"有所不为"是敢于放弃。一个人能力再强,精力再多,也不可能无所不为,什么都想做只能是什么也做不好,选好自己应该做的才是最关键的。

譬如,世间上行业千千万万,哪行做好了都能赚钱。每天都有企业垮台、破产,每天同样也有新的企业诞生。经营任何一种行业的商人,都应熟悉自己的主业,把它研究深、研究透,方能成为该行业的老大。

作为一个成熟的商人,你要学会放弃,那些你不熟悉的行业,千万不要轻易进入。别人在赚钱,不要眼红心动,否则,今天的投资,意味着明天的垮台!

商人们千万不要有了点钱,就认为什么生意都可做,什么行业的钱都想赚!

作为领导也是这样,有些领导喜欢揽权,大事小事都要亲力亲为,结果人累得够呛,事情也没办好。

艾森豪威尔在他的《远征欧陆》一书中,说马歇尔"轻视那些事必躬亲的人,他认为那些埋头于琐细小事的人,没有能力处理战争中更重要的问题"。他讲美国的军事原则是:"为战区司令官指定一项任务,给他提供一定数量的兵力,在他执行计划的过程中,尽可能少加干涉。"如果他的战果不能令人满意,"那么,正当的办法不是对他进行劝说、警告和折磨,而是用另一个司令官替代他"。

艾森豪威尔在这里讲的"琐细小事"和"尽可能少加干涉"的内容都是有所不为的范畴。战区司令官对那些琐细小事有所不为,是为了集中精力研究整个战区的大事,要在全局上有所为;更高一级的统帅对战区的事情少加干涉,也正是要研究更大的战略问题，在更高的层次、更广泛的意义上有所为。因此，不妨说有所不为才能有所为。

很多人都梦想能拥有一份好工作，这份工作最好是能带来财富、名声、权势和地位，为人称羡。但事实上，在激烈的市场竞争中，已经没有哪一种工作是真正的热门行业，无论何种工作，都无法提供完全的保障。那么如何以不变应万变，取得一份较为实际，同时又富含理想色彩的工作呢？以下建议，不妨一试：

首先，放长线钓大鱼。没有哪份职业是永远的热门。选择行业要充分考虑自己的兴趣、能力、就业磨合期以及这一职业的未来前景。

其次，以智能求生存。你需要不断充电，不仅要做个"专才"，更要做复合型人才。

再次，个人主导生活，选择有丰厚收入的工作原本无可厚非，但不能放弃其他的追求，如自由时间、健康和幸福的家庭等。一份相对自由、能充分发挥个人才智的工作将更受人的青睐。

有所为有所不为，有利于集中力量，把宝贵的有限的资源用在最急需的地方，争获最佳的效益；有利于集中人力、物力、财力办更大更重要的事情。

有所为有所不为需要胸有全局，高瞻远瞩。心中无数、虚浮懒散的人做不好有所为有所不为。胸有全局就能分清轻重缓急，做出正确取舍，科学规划，科学设计。高瞻远瞩是考虑得长远，并能以高度的责任感和使命感对待自己的选择。显然，短期行为、急功近利与此格格不入。

有所为有所不为需要有自觉的意识调动一切积极因素，解放智慧。如果无所不管、思想僵化，局面不会是改观的。

改变自己的生活方式

你的成功与否，决定于你所选择的生活方式。

有这样一个故事，一位知名记者正在进行一次采访，被采访者是一个贫困山区的小羊倌。

"你放羊干什么？"

"攒钱。"

"攒钱干什么。"

"娶媳妇。"

"娶媳妇干什么？"

"生娃。"

"生娃干什么。"

"放羊。"

羊倌的想法真是令人悲哀。羊倌的可悲不在于他的穷困，不在于他从事的职业，更不在于他攒钱的方式，而在他正陷入一种麻木的生存状况之中而不觉。

一位三十出头的女子，是一家皮尔·卡丹专卖店的老板。她来自贫穷的山区，大学毕业后放弃了回家乡工作的机会，毅然留在省城，当过记者，摆过地摊，开过服装店。一次偶然的机会，认识了一位皮尔·卡丹代理商，信心百倍的她东挪西借筹款，在省城闹市区租个门面撑起了一个专卖店。创业之初，她吃住在店里，为了付那里昂贵的租金，她有时一顿饭用一块大馍充饥。热情周到的服务终于让专卖店里有了络绎不绝的顾客，生意红火了，她没下过一次饭店，未买过时尚衣服，仍过着节俭的生活，渐渐地，她口袋里的钱像滚雪球一样一天天多起来。一年前，她把左右邻店兼并过来，同时还招聘了 6 名员工。已成款姐的她不无真诚地说："都市里到处都能掘到黄金，关键是你要选择好自己的生活方式，如果你觉得自己现在命运不济，那你就应当改变一下目前的生活方式，而不应当整日只知道哀叹命运不济。"

其实，只要细心地观察一下四周，你就会发现：在都市的每个角落，确实生活着很多精力旺盛的乡下人，在高高的脚手架上、在酒店、在商场、在快餐店、在书摊……他们从事着或复杂或简单的工作，以乡下人的勤劳与质朴，以乡下人顽强的生存能力，挤进了钢筋水泥混凝土构筑的城堡，开拓一块哪怕是极小的天地，并且有滋有味地活着；而那些一生下来就有了城市户口的城里人，在失去了铁饭碗之后，却连一条求生存的路也找不到。比起进军都市的乡下人，一些城里人已经输了，并且输得很惨。

即使我们拥有骄人的文凭、城市的户口、住房，面对下岗或分流，我们唯有不断拓展生存空间，谋求适合自己的发展方式，不断地刷新自己，创新未来，才有可能处变不惊，才可以在繁华褪尽后重新镀亮人生。

一个人有无前途，不取决于拥有多少财富，而是取决于其是否具有发展观念。当你正津津乐道于已经拥有车子房子票子的时候，千万别忘了，你也许还是一个羊倌！

第二节

懂得放弃才能成就人生

人生没有回头路

很久以前，苏格拉底的几个学生向老师请教人生的真谛。

充满智慧的苏格拉底把他们带到麦田边，这时正是谷物成熟的季节，田地里到处都是沉甸甸的麦穗。"你们各自顺着一行麦田从林子这头走到那头,每人摘一枚自己认为是最大最好的麦穗。不许走回头路,不许做第二次选择。"苏格拉底神秘地说。

学生们在穿过果林的整个过程中,都十分认真地进行着选择。

等他们到达果林的另一端时,老师已在那里等候着他们。

"你们是否都完成了自己的选择?"苏格拉底问。

学生们你看着我,我看着你,都不回答。

"怎么啦?孩子们,你们对自己的选择满意吗?"苏格拉底再次问。

"老师,让我再选择一次吧!"一个学生请求说,"我走进果林时,就发现了一个很大很好的麦穗,但是,我还想找一个更大更好的。可当我走到最后,却发现第一次看见的那枚麦穗就是最大的。"

另一个学生紧接着说:"我和他恰巧相反,走进果林不久就摘下了一枚我认为是最大最好的麦穗。可是后来我发现,果林里比我摘下的这枚更大更好的麦穗多的是。老师,请让我也再选择一次吧!"

"老师,让我们都再选择一次吧!"其他学生一起请求。

苏格拉底坚定地摇了摇头:"孩子们,没有第二次选择,这是游戏规则。"

当你做了一件令你后悔的事后,才明白错了;当你选择了一条路后,才发现南辕北辙了。别把一切希望放在回头上,因为人生从来都不可能有回头路。既然做过了,走过了,你也就别无选择。人生真正的靠山是自己,只有你的选择是对的,你自己才会是好的。

放弃也是一种智慧

放弃，是一种智慧，是一种豁达，它不盲目，不狭隘。

放弃，对心境是一种宽松，对心灵是一种滋润，它驱散了乌云，它清扫了心房。有了它，人生才能有爽朗坦然的心境；有了它，生活才会阳光灿烂。

1998 年的诺贝尔奖得主崔琦，在有些人眼里简直是"怪人"：远离政治，从不抛头露面，整日浸泡在书本中和实验室内，甚至在诺贝尔奖桂冠加顶的当天，他还如常地到实验室工作。更令人难以置信的是，在美国高科技研究的前沿领域，崔琦居然是一个地地道道的"电脑盲"。他研究中的仪器设计、图表制作，全靠他一笔一画完成。而一旦要发电子邮件，也都请秘书代劳。他的理论是：这世界变化太快了，我没有时间去追赶！

崔琦放弃了世人眼里炫目的东西，为自己赢得了大量宝贵的时间，也赢得了至高无上的荣誉。

人的一生很短暂，有限的精力不可能方方面面都顾及，而世界上又有那么多炫目的精彩，这时候，放弃就成了一种大智慧。放弃其实是为了得到，只要能得到你想得到的，放弃一些对你而言并不必需的"精彩"，又有什么不可以呢？

贪婪是大多数人的毛病，有时候死死抓住自己想要的东西不放，只会给自己带来压力、痛苦、焦虑和不安。往往什么都不愿放弃的人，结果却什么也得不到。

放弃是一种睿智。尽管你精力过人、志向远大，但时间不容许你在一定时间内同时完成许多事情，正所谓："心有余而力不足。"所以，在众多的目标中，我们必须依据现实，有所放弃，有所选择。

如果在放弃之后，烦乱的思绪梳理得分明起来，模糊的目标变得清晰起来，摇摆的心变得坚定起来，那么放弃又有什么不好呢？

人生总要面临许多选择，也要作出一些放弃。要学会选择，首先要学会放弃。放弃是为了更好地调整自我，集中精力于自己能做成的事。特别是在现代社会中，竞争日趋激烈，每个人的生存压力也越来越大，于是每个人都身不由己地变得"贪心"。追求太多，其失望也愈深，所以一定要保持一个清醒的头脑，做好人生的取舍。

丢掉多余的东西

铁匠打了两把宝剑。

刚刚出炉时它们一模一样，又笨又钝。

铁匠想把它们磨快一些。

其中一把宝剑想，这些钢铁都来之不易，还是不磨为妙。

它把这一想法告诉了铁匠。

铁匠答应了它。

铁匠去磨另一把剑，这把没有拒绝。

经过长时间的磨砺，一把寒光闪闪的宝剑磨成了。

铁匠把那两把剑挂在店铺里。

不一会儿就有顾客上门，他一眼就看上了磨好的那一把，因为它锋利、轻巧、合用。

而钝的那一把，虽然钢铁多一些、重量大一些，但是无法把它当宝剑用，它充其量只是一块剑形的铁而已。

同样出自一个铁匠之手，同样的工夫打造，两把宝剑的命运却有着天壤之别！锋利的那把又薄又轻，而另一把则又厚又重；前者是削铁如泥的利器，后者则只是一个中看不中用的摆设而已。

人生的道理，也与此类似。人生的目的不是面面俱到，不是多多益善，而是把已经掌握的东西得心应手地去运用，它跟宝剑一样，剑刃越薄越好，重量越轻越好。

多余的东西，无论是多余的财富还是多余的知识，都像剑刃上多余的钢铁，应该毫不吝惜地磨掉！

有只狐狸被猎人用套夹夹住了一只爪子，它毫不迟疑地咬断了那只小腿，然后逃命。放弃一只腿而保全一条性命，这是狐狸的哲学。人生亦应如此，在生活强迫我们必须付出惨痛的代价之前，主动放弃局部利益而保全整体利益是最明智的选择。智者曰："两弊相衡取其轻，两利相权取其重。"趋利避害，这也正是放弃的实质。

生活中，常有不好的境遇不期而至，搞得我们猝不及防，这时我们更要学会放弃。放弃焦躁性急的心理，安然地等待生活的转机，让自己对生活、对人生有一种超然的态度，即使我们达不到这种境界，我们也要学会在放弃中活得洒脱一些。

在人生的旅途中，需要我们丢掉的东西很多，古人云："鱼，我所欲也；熊掌，亦我所欲也；二者不可得兼，舍鱼而取熊掌者也。"如果不是我们应该拥有的，就要学会放弃。只有学会放弃，才会活得更加充实、坦然和轻松。

大弃大得，小弃小得

下棋的时候，有些局面需要弃子。弃子的力越大，得到的战果越佳，甚至是将杀对方的主帅。

有这样一个小故事：

有一个聪明的年轻人，很想在一切方面都比他身边的人强，他尤其想成为一名大学问家。可是，许多年过去了，他的其他方面都不错，学业却没有长进。他很苦恼，就去向一个大师求教。

大师说："我们去登山吧，到山顶你就知道该如何做了。"

那山上有许多晶莹的小石头，煞是迷人。每见到他喜欢的石头，大师就让他装进袋子里背着，很快，他就吃不消了。

"大师，再背，别说到山顶了，恐怕连动也不能动了。"年轻人痛苦地望着大师。

"是呀，那该怎么办呢?"大师微微一笑，"该放下! 不放下，背着石头怎么能登山呢?"大师道。

年轻人一愣，忽然心中一亮，向大师道了谢走了。之后，他一心做学问、进步飞快……

其实，有所得必要有所失，只有学会放弃，学会放下，才有可能登上人生的顶峰。

我们很多时候羡慕在天空中自由自在飞翔的鸟儿，人，其实也该像这鸟儿一样，欢呼于枝头，跳跃于林间，与清风嬉戏，与明月结伴，饮山泉，觅草虫，无拘无束，无羁无绊。这才是鸟儿应有的生活，也是人类应有的生活。

然而，这世上还有一些鸟儿，因为忍受不了饥饿、干渴、孤独乃至"爱情"的诱惑，从而成为笼中鸟，永永远远地失去了自由，成为人类的玩物。

与人类相比，鸟儿面对的诱惑要简单得多。而人类，却要面对来自红尘之中的种种诱惑。在物欲横流的尘世中，人们很容易迷失自我，跌入欲望的深渊，把自己装入一个个打造精致的"功名利禄"的金丝笼里。

这是人类的悲哀。然而更为悲哀的是，正如鸟儿被囚禁于笼中，被人玩弄于股掌之上，仍欢呼雀跃，放声高歌，甚至于呢喃学语，博人欢心; 人类在功名利禄的包围中也是自鸣得意，唯我独尊。这是多么的不幸啊。

人生在世，有许多东西是需要不断放弃的。在仕途中，放弃对权力的追逐，随遇而安，得到的是宁静与淡泊; 在淘金中，放弃对金钱无止境的掠夺，得到的是安心和快乐; 在春风得意、身边美女如云时，放弃对美色的占有，得到的是家庭的温馨和美满。

苦苦地挽留夕阳的人是傻人；久久地感伤春光的人是蠢人。什么也不放弃的人，往往会失去更珍贵的东西。

懂得放弃才有快乐，背着包袱走路总是很辛苦。能够放弃是一种超越，也许有时我们只看到放弃时的痛苦，而忘记了那些如果我们不放弃就会得到的更大的痛苦。

放弃是一种境界，大弃大得，小弃小得。

因为热爱才放弃

曾经有个年轻的建筑师一直苦于自己无法突破前辈们出色的建筑设计，他只能跟在大师后面亦步亦趋，这使他感到十分沮丧。

于是，他暂时告别了自己热爱的工作，带上所有的积蓄准备游览全世界的著名建筑。

当他跋山涉水走过了一个又一个城市，游览了一个又一个国家的雄伟建筑，最后来到一个无与伦比的辉煌建筑——闻名世界的泰姬陵时，他被这绝无仅有的建筑迷住了。

他的灵感顿时泉涌般喷泻而出，他完成了一个又一个出色的建筑设计。

他成了知名度颇高的建筑设计师。

因为热爱才放弃，当思路被阻塞时，暂时放弃，换一种方式也许能突破自己。

美国一位年仅21岁的奥运会游泳冠军萨·桑德斯，在一次游泳大奖赛的发奖仪式上正式宣布退役。参加仪式的来宾无不感到惊讶：她还那么年轻！

她不是因为超龄，不是因为受伤，不是因为要结婚，不是为了任何客观原因，她对一家报纸的记者说："我已经不再热爱这项运动。"

这是多么惊人的坦诚！对于曾抛洒了那么多青春血汗的游泳运动，她一定深深热爱过，她一定曾为之竭尽全力。但那一切并非不可以这样结束，并非总要苦苦支撑拖沓到力不从心，并非因曾经付出就必须与之纠缠不清，并非因曾经热爱就非要在告别时有一个暧昧的过程。

因为热爱，我们竭尽全力；因为热爱，我们洒脱放弃。某种程度上，洒脱放弃也是一种热爱。

改变的结尾

艾奇逊和妻子结婚已经二十多年了，生活很幸福。他们都学会了在生活中彼此做一些必要的让步，并且两人的性格都很温和。从事写作的艾奇逊一直保持着有限的知名度，但对他来说，这已经足够了。

对艾奇逊来说，回家的第一件事是拥抱一下妻子，亲亲她的前额。艾奇逊太太负责在打字机上打印丈夫定期在《纽约晚报》上发表的短篇小说，然后把稿子誊清，封装好，寄出去。这份微小的工作足以使她满足于自己是丈夫的一个好助手。

可是，艾奇逊太太万万没有想到，一个刚刚离婚的女人最近竟然把艾奇逊弄得神魂颠倒。她的美丽，把艾奇逊征服了。有一天，就像跟他要一件新奇首饰一样，她要求跟他结婚。

艾奇逊必须先离婚。"唔，这件事应该容易办到。结婚已经整整23年，大概妻子不再爱我了，分开可能不会痛苦。"想法不错，可是该怎样摊牌呢？

艾奇逊想出了一个新鲜法子。他编了一个故事，把自己与太太的现实处境转托成两个虚拟人物的历史。为了能让妻子领悟，他还着意引用了他们夫妇间以往生活中若干特有的细节。在故事结尾，他让那对夫妻离了婚，并特意说明，由于妻子对丈夫已经没有了爱情，所以一滴眼泪也没有流地走开了，以后隐居在南方的森林小屋，有足够的收入，悠然自得地消磨幸福的时光……

他把这份手稿交给妻子打印时，心里不免有些不安。晚上回到家里时，心里嘀咕妻子会怎样接待他。"亲爱的，我希望我不在家时你没有过于烦闷，是吧?"话里带着几分犹豫。

妻子却像平常一样安详："没有。家里有这么多事情要做呢。但看到你回来，我还是很高兴的……"除此之外她没有任何异常的反应。

"她为什么不吭声? 她的沉默不可理解! 显然，她是个性格内向的人，可是她该看得懂的……"

故事在报上发表后，艾奇逊才算打开了闷葫芦。原来，妻子把故事的结尾改了：既然丈夫提出了这个要求，夫妻俩于是就离了婚。可是，那位结婚23年依然保持对丈夫执著的爱的妻子，却在前往南方森林小屋的途中抑郁而死。

这就是回答!

艾奇逊震惊了，忏悔了。当天就和那个不知底细的女人一刀两断了。但是，如同妻子不向他说明曾经同他进行过一次未经商议的合作一样，他永远没有向她承认自己看过她的新结论。

在事业上要有一个清醒的头脑，在生活上要有一个清醒的头脑，在情感上也需要一个清醒的头脑。要知道什么是该舍去的，什么是该保留的。

舍掉一些无谓的忙碌

大家都有这样的经验：从早到晚忙忙碌碌的，没有一点空闲，但当你仔细回想一下，又觉得自己这一天并没有做什么事。这是因为我们花了很多时间在一些无谓的小事上，泛滥的忙碌只会让我们失去自由。

《时代杂志》曾经报道过一则封面故事"昏睡的美国人"，

大概的意思是说：很多美国人都很难体会"完全清醒"是一种什么样的感觉。因为他们不是忙得没有空闲，就是有太多做不完的事。

美国人终年"昏睡不已"，听起来有点不可思议。不过，这并不是好玩的笑话，这是极为严肃的话题。

仔细想一想，你一年之中是不是也像美国人一样，没多少时间是"清醒"的？每天又忙又赶，熬夜、加班、开会，还有那些没完没了的家务，几乎占据了你所有的时间。有多少次，你可以从容地和家人一起吃顿晚饭？有多少个夜晚，你可以不担心明天的业务报告，安安稳稳地睡个好觉？

应接不暇的杂务明显成为日益艰巨的挑战。许多人整日行色匆匆，疲惫不堪。放眼四周，"我好忙"似乎成为一般人共同的口头禅，忙是正常，不忙是不正常。试问，还有能在行程表上挤出空档的人吗？

奇怪的是，尽管大多数人都已经忙昏了，每天为了"该选择做什么"而无所适从，但绝大多数的人还是认为自己"不够"。这是最常听见的说法，"我如果有更多的时间就好了""我如果能赚更多的钱就好了"，好像很少听到有人说："我已经够了，我想要的更少！"

事实上，太多选择的结果，往往是变成无可选择。即使是芝麻绿豆大的事，都在拼命消耗人们的精力。根据一份调查，有50％的美国人承认，每天为了选择医生、旅游地点、该穿什么衣服而伤透脑筋。

如果你的生活也不自觉地陷入这种境地，你要来个"清理门户"的行动，那么以下有三种选择：第一，面面俱到。对每一件事都采取行动，直到把自己累死为止。第二，重新整理。改变事情的先后顺序，重要的先做，不重要的以后再说。第三，丢弃。你会发现，丢掉的某些东西，其实是你一辈子都不会再需要的。

当你发现自己被四面八方的各种琐事捆绑得动弹不得的时候，难道你不想知道是谁造成今天这个局面？是谁让你昏睡不已？答案很明白——是你，不是别人。

昏睡中忙碌着的你我，必须学会割舍，才能清醒地活着，也才能享受更大的自由。

下山的也是英雄

人们习惯于对爬上高山之巅的人顶礼膜拜，实际上，能够及时主动从光环中隐退的下山者也是英雄。

有多少人把"隐退"当成失败。许多事例显示，对于那些惯于享受欢呼与掌声的人而言，一旦从高空中掉落下来，就像是艺人失掉了舞台，将军失掉了战场，信徒失去了信仰，往往因为一时难以适应，而自陷于绝望的谷底。

心理专家分析，一个人若是能在适当的时间选择做短暂的隐退（不论是自愿还是被迫），那会是一个很好的转机，因为它能让你留出时间观察和思考，使你在独处的时候找到自己内在真正的世界。

唯有离开自己当主角的舞台，才能防止自我膨胀。虽然，失去掌声令人惋惜，但往好的一面看，心理专家认为，"隐退"就是进行深层学习，一方面挖掘自己的阴影，一方面重新上发条，平衡日后的生活。当你志得意满的时候，是很难想象没有掌声的日子的。但如果你要一辈子获得持久的掌声，就要懂得享受"隐退"。

作家班塞尔·欧文说过一段令人印象深刻的话："在其位的时候，总觉得什么都不能舍，一旦真的舍了之后，又发现好像什么都可以舍。"曾经做过杂志主编，翻译出版过许多知名畅销书的班塞尔·欧文，在40岁事业最巅峰的时候退下来，选择当个自由人，重新思考人生的出路。

40 岁那年，欧文从人事经理被提升为总经理。3 年后，他自动"开除"自己，舍弃堂堂"总经理"的头衔，改任没有实权的顾问。

正值人生最巅峰的阶段，欧文却奋勇地从急流中跳出，他的说法是："我不是退休，而是转进。"

"总经理"3 个字对多数人而言，代表着财富、地位，是事业身份的象征。然而，短短 3 年的总经理生涯，令欧文感触颇深的，却是诸多的"无可奈何"与"不得而为"。

他全面地打量自己，他的工作确实让他过得很光鲜，周围想巴结自己的人更是不在少数，然而，除了让他每天疲于奔命，穷于应付之外，他其实活得并不开心。这个想法促使他决定辞职，"人要回到原点，才能更轻松自在。"他说。

辞职以后，司机、车子一并还给公司，应酬也减到最低。不当总经理的欧文，感觉时间突然多了起来，他把大半的精力拿来写作，抒发自己在广告领域多年的观察与心得。

"我很想试试看，人生是不是还有别的路可走。"他笃定地说。

事实上，欧文在写作上很有天分，而且多年的职场经历给他积累了大量的素材。现在欧文已经是某知名杂志的专栏作家，期间还完成了两本管理学著作，欧文迎来了他的第二个人生辉煌。

事实上，"隐退"很可能只是转移阵地，或者是为了下一场战役储备新的能量。但是，很多人认不清这点，反而一直缅怀着过去的光荣，他们始终难以忘记"我曾经如何如何"，不甘于从此做个默默无闻的小人物。走下山来，你同样可以创造辉煌，同样是个大英雄！

丢弃旧我，接纳新我

大家一定有过年前大扫除的经历吧。当你一箱又一箱地打包时，一定会很惊讶自己在过去短短一年内，竟然累积了这么多的东西。然后懊悔自己为何事前不花些时间整理，淘汰一些不再需要的东西，如果那么做了，今天就不会累得你连脊背都直不起来。

大扫除的懊恼经验，让很多人懂得一个道理：人一定要随时清扫、淘汰不必要的东西，日后才不会变成沉重的负担。

人生又何尝不是如此！在人生路上，每个人不都是在不断地累积东西？这些东西包括你的名誉、地位、财宝、亲情、人际关系、健康等，当然也包括了烦恼、苦闷、挫折、沮丧、压力等。这些东西，有的早该丢弃而未丢弃，有的则是早该储存而未储存。

在人生道路上，我们几乎随时随地都得做自我"清扫"。念书、出国、就业、结婚、离婚、生子、换工作、退休……每一次挫折，都迫使我们不得不"丢掉旧我，接纳新我"，把自己重新"扫"一遍。

不过，有时候某些因素也会阻碍我们放手进行扫除。譬如：太忙、太累，或者担心扫完之后，必须面对一个未知的开始，而你又不能确定哪些是你想要的。万一现在丢掉了，将来又捡不回来怎么办？

的确，心灵清扫原本就是一种挣扎与奋斗的过程。不过，你可以告诉自己：每一次的清扫，并不表示这就是最后一次。而且，没有人规定你必须一次全部扫干净。你可以每次扫一点，但你至少应该丢弃那些会拖累你的东西。

洛威尔是美国著名的心理学家。有一年他和一群好友到东非赛伦盖蒂平原去探险。在旅途中，洛威尔随身带了一个厚重的背包，里面塞满了食具、切割工具、挖掘工具、衣服、指南针、观星仪、护理药品等。洛威尔对自己携带的物品非常满意。

一天，当地的一位土著向导检视完洛威尔的背包之后，突然问了一句："这些东西让你感到快乐吗？"洛威尔愣住了，这是他从未想过的问题。洛威尔开始问自己，结果发现，有些东西的确让他很快乐，但是，有些东西实在不值得他背着它们，走那么远的路。

洛威尔决定取出一些不必要的东西送给当地村民。接下来，因为背包变轻了，他感到自己不再有束缚，旅行得十分愉快。

生命就如同一次旅行，背负的东西越少，越能发挥自己的潜能。你可以列出清单，决定背包里该装些什么才能帮助你到达目的地。但是，记住，在每一次停泊时都要清理自己的口袋，什么该丢，什么该留，把更多的位置空出来，让自己轻松起来。

不要跟对手硬拼

一位搏击高手参加搏击大赛，自以为稳操胜券，一定可以夺得冠军。

然而事与愿违，在最后的决赛中，他遇到一个实力强劲的对手，双方竭尽全力出招攻击。两人打到中途，搏击高手意识到，自己竟然找不到对方招式中的破绽，而对方的攻击却往往能够突破自己防守中的漏洞，有选择地打中自己。

比赛的结果可想而知，这个搏击高手惨败在对方手下，与冠军奖杯擦肩而过。

他愤愤不平地找到自己的师父，一招一式地将对方和他搏击的过程再次演练给师父看，并请求师父帮助他找出对方招式中的破绽。他决心根据这些破绽，研究出足以克敌制胜的新招，好在下次比赛时，打倒对方，夺取冠军奖杯。

师父笑而不语，在地上画了一道线，要他在不能擦掉这道线的情况下，设法让这条线变短。

搏击高手百思不得其解，怎么会有像师父所说的办法，能使地上的线变短呢？最后，他无可奈何地放弃了思考，转向师父请教。

师父在原先那道线的旁边，又画了一道更长的线。两者相比较，原先的那道线，看来变得短了许多。

师父开口道："夺得冠军的关键，不仅仅在于如何攻击对方的弱点，正如地上的长短线一样，如果你不能在要求的情况下使这条线变短，你就要懂得放弃在这条线上做文章，寻找另一条更长的线。那就是只有你自己变得更强，对方就如原先的那道线一样，也就在相比之下变得较短了。如何使自己更强，才是你需要苦练的根本。"

徒弟恍然大悟。

师父笑道："搏击要用脑，要学会选择，攻击其弱点。同时要懂得放弃，不跟对方硬拼，以自己之强攻对方之弱，你才能夺取冠军。"

在获得成功的过程中，在夺取冠军的道路上，有无数的坎坷与障碍，需要我们去跨越、去征服。人们通常走的路有两条：

一条路是学会选择攻击对手的薄弱环节。正如故事中的那位搏击高手，可找出对方的破绽，给予其致命的一击，用最直接、最锐利的方法或技巧，快速解决问题。

另一条路是懂得放弃，不跟对方硬拼，全面增强自身实力，在人格上、在知识上、在智慧上、在实力上使自己加倍地成长，变得更加成熟，变得更加强大，以己之强攻敌之弱，让许多问题迎刃而解。

蜕变获得重生

有歌词云："不经历风雨，怎能见彩虹？"确实，美好的获得需要付出代价，正如老鹰的重生需要经历常人难以想象的蜕变过程一样，处在人生的十字路口，我们需要正确地选择，更需要具有为赢得新生活而敢于冒险、敢于经受磨炼的勇气。

老鹰是世界上寿命最长的鸟类，它的寿命可达 70 岁。但是如果想要活那么久，它就必须在 40 岁时作出困难却重要的抉择。

当老鹰活到 40 岁时，它的爪子开始老化，不能够牢牢地抓住猎物；它的喙变得又长又弯，几乎能碰到它的胸膛；它的翅膀也会变得十分沉重，因为它的羽毛长得又浓又厚，使它在飞翔的时候十分吃力。在这个时候，它是不会选择等死的，而是选择经过一个十分痛苦的过程来蜕变和更新，以便继续活下去。

这是一个漫长的过程：它需要经过 150 天的漫长锤炼，而且必须努力地飞到山顶，在悬崖的顶端筑巢，然后停留在那里不再飞翔。

首先，它要做的是用它的喙不断地击打岩石，直到旧喙完全脱落，然后经过一个漫长的过程，静静地等候新的喙长出来。之后，还要经历更为痛苦的过程：用新长出的喙把旧指甲一根一根地拔出来，当新的指甲长出来后，它们再把旧的羽毛一根一根地拔掉，等待 5 个月后长出新的羽毛。

这时候，老鹰才能重新开始飞翔，从此可以再过 30 年的岁月！

对于老鹰来说，这无疑是一段痛苦的经历，但正是因为不愿在安逸中死去，正是对 30 年新生岁月的向往，正是对脱胎换骨后得以重新翱翔于天际的憧憬，燃起了它对新生活的渴望和改变自己的决心。要想延长自己的生命，获得重生的机会，它选择了经受几个月的痛苦。我们不能不为老鹰的这种勇于改变的勇气所折服。

人生又何尝不是如此？面对癌症，是草草地结束自己的生命以避免遭受肉体和精神的折磨，还是积极地治疗，创造生命的奇迹？陷入困境，是听天由命，等待命运的宣判，还是放手一搏，冒险寻求可能的转机？工作平淡无奇，碌碌无为，是安于现状，享受现有的安逸，还是勇于改变，寻求属于自己的一片天地？

人生需要选择，生命需要蜕变，每当面临困难和挫折，面临选择和放弃，我们都要有足够的勇气，改变自己，只有这样才能获得重生，才能创造另一个辉煌！

第三节

适合的才是最好的

适合的才是最好的

有两只老虎，一只在笼子里，一只在野地里。

在笼子里的老虎三餐无忧，在野外的老虎自由自在。两只老虎经常进行亲切的交谈。

笼子里的老虎总是羡慕外面老虎的自由，外面的老虎却羡慕笼子里的老虎安逸。一天，一只老虎对另一只老虎说："咱们换一换。"另一只老虎同意了。

于是，笼子里的老虎走进了大自然，野地里的老虎走进了笼子。从笼子里走出来的老虎高高兴兴，在旷野里拼命地奔跑；走进笼子的老虎也十分快乐，他再不用为食物而发愁。

但不久，两只老虎都死了。

一只是饥饿而死，一只是忧郁而死。从笼子中走出的老虎获得了自由，却没有同时获得捕食的本领；走进笼子的老虎获得了安逸，却没有获得在狭小空间生活的心境。

适合的才是最好的。

许多时候，人们往往对自己的幸福熟视无睹，而觉得别人的幸福却很耀眼。想不到，别人的幸福也许对自己并不适合；更想不到，别人的幸福也许正是自己的坟墓。

这个世界多姿多彩，每个人都有属于自己的位置，有自己的生活方式，有自己的幸福，何必去羡慕别人？安心享受自己的生活，享受自己的幸福，才是快乐之道。

你不可能什么都得到，你也不可能什么都适合去做，所以，你要学会放弃，放弃不切实际的想法，放弃愚蠢的行动。只有学会放弃，学会知足，才能更好地把握快乐、享受幸福。

带着坐标尺上路

森林中正在举办热闹非凡的比"大"比赛。老牛走上擂台，动物们高呼："大"。大象登场表演，动物们也欢呼："大"。这时，台下角落里的一只青蛙气坏了："难道我不大吗？"青蛙嗖地跳上一块巨石，拼命鼓起肚皮，并神采飞扬地高喊："我大吗？""不大！"传来一片嘲讽之声。

青蛙不服气，继续鼓肚皮。随着"嘭"的一声，肚皮鼓破了。可怜的青蛙，至死也不知道它到底有多大。

有一位朋友是个登山队员，他参加了攀登珠穆朗玛峰的活动，在海拔 6400 米的高度，他体力不支，放弃了攀登。当他讲起这段经历时，我们都替他惋惜，为何不再坚持一下呢？再攀一点高度，再咬紧一下牙关。

"不，我最清楚，6400 米的海拔是我登山生涯的最高点，我一点都没有遗憾。"他说。

量力而行，恰到好处，当行则行，该止则止。这位登山队员的选择与放弃精神同样让我们对他肃然起敬。联想到人生，一个人不怕爬高，就怕找不到生命的制高点。任何事情都存在突破口，但不是任何人都能够穿越突破口，抵达更高的层次。如果说挑战是对生命的发扬，那么明智的放弃是另一种美好的境界，是对生命的爱惜和尊重。一个不懂得珍惜生命的人，会遭受命运的惩罚。

真理过一分则变为谬误，压力过一分则会把生命压垮。找出一个临界点，告诉自己：安之若素，莫把自己搞成一台长期超负荷运转的机器。

所以，选择揣一根坐标尺上路势在必行！它能督促我们不懈努力地攀登，又能提醒我们恰到好处地戛然而止。

仰之弥高，那是笨蛋的愚蠢和贪婪。一个智者，此时此刻，也许已悠然从容地下山去了。

选择自己的生活

《伊索寓言》中有一个关于乡下老鼠和城市老鼠的故事：城市老鼠和乡下老鼠是好朋友。有一天，乡下老鼠写了一封信给城市老鼠，信上这么写着："城市老鼠兄，有空请到我家来玩，在这里，可享受乡间的美景和新鲜的空气，过着悠闲的生活，不知意下如何？"

城市老鼠接到信后，高兴得不得了，立刻动身前往乡下。到那里后，乡下老鼠拿出很多大麦和小麦，放在城市老鼠面前。城市老鼠不以为然地说："你怎么能够老是过这种清贫的生活呢？住在这里，除了不缺食物，什么也没有，多么乏味呀！还是到我家玩吧，我会好好招待你的。"

乡下老鼠于是就跟着城市老鼠进城去。

乡下老鼠看到那么豪华、干净的房子，非常羡慕。想到自己在乡下从早到晚，都在农田上奔跑，以大麦和小麦为食物，冬天还得在那寒冷的雪地上搜集粮食，夏天更是累得满身大汗，和城市老鼠比起来，自己实在太不幸了。

聊了一会儿，他们就爬到餐桌上开始享受美味的食物。突然，"砰"的一声，门开了，有人走了进来。他们吓了一跳，飞也似的躲进墙角的洞里。

乡下老鼠吓得忘了饥饿，想了一会儿，戴起帽子，对城市老鼠说："乡下平静的生活，还是比较适合我。这里虽然有豪华的房子和美味的食物，但每天都紧张兮兮的，倒不如回乡下吃麦子来得快活。"说罢，乡下老鼠就离开都市回乡下去了。

这则寓言使我们看到不同个性、习惯的老鼠，喜欢不同的生活。即使他们都曾经对别的世界感到好奇、有趣，但是，他们最后还是都回归到自己所熟悉的生活圈子中，并且都能得到各自简单而快乐的生活。

很多人总是会情不自禁地羡慕别人的生活，以为那就是最快乐的享受。其实，不切实际地改变自己，不但得不到简单和快乐，反而会给自己增添许多大大小小的麻烦和苦恼。

自己的幸福

一位少妇，回家向母亲倾诉，说婚姻很是糟糕，丈夫既没有很多的钱，也没有好的职业，生活总是单调无味。母亲笑着问，你们在一起的时间多吗？女儿说，太多了。母亲说，当年，你父亲上战场，我每日期盼的，是他能早日从战场上胜利凯旋，与他整日厮守，可惜——他在一次战斗中牺牲了，再也没有能够回来。我真羡慕你们能够朝夕相处。母亲沧桑的老泪一滴滴掉下来，渐渐地，女儿仿佛明白了什么。

一群男青年，在餐桌上谈起自己的老婆，都说被管束得太严，几乎失去了自由，边说边显露大丈夫的凛然正气，狂饮如牛，扬言回家要和老婆怎么怎么斗争。邻桌的一位老叟默默地听了，起身问道，你们的夫人都是本分人吗？男青年们点头。老叟叹了一口气，说："我爱人当年对我也是管得太死，我愤然离婚，以至于她后来抑郁而终。如果有机会，我多希望能当面向她道一次歉，请求她时时刻刻地看管着我。小伙子，好好珍惜缘分啊！"男青年们望着神色黯然的老叟，沉默不语，若有所悟。

一位盲人，在剧院欣赏一场音乐会，交响乐时而凝重低缓，时而明快热烈，时而浓云蔽日，时而云开雾散。盲人惊喜地拉着身边的人说："我看见了，看见了山川，看见了花草，看见了光明的世界和七彩的人生……"

一位病人，医生郑重地告诉他，手术很成功，化验结果出来了，从他腹腔内摘除的肿瘤只是一般的良性肿瘤，经过一段时间的疗养便可康复出院，并不危及生命。他顿时满面春风，双目有神，紧紧地握着医生的手，激动地说："谢谢，谢谢，是你给了我第二次生命……"

幸福在哪里？带着这样的问题，芸芸众生，茫茫人海，我们在努力寻找答案。其实，幸福是一个多元化的命题，我们在追求着幸福，幸福也时刻地伴随着我们。只不过很多时候，我们身处幸福的山中，在远近高低的角度看到的总是别人的幸福风景，却不曾悉心去感受自己所拥有的幸福天地。

最好的活法

怎样生活才是最好的生活？答案很简单，只要是最适合自己的，便是最好的、最美的。

谁甘愿度过平庸的一生？谁没有过美好的憧憬？人和植物、动物的区别，重要的一点恰恰在于人会设计自己的愿望，有实现这一愿望的冲动。理想使人具有不折不挠的精神力量。因而当人实现这一愿望的冲动受挫，理想便使人痛苦。实现了自己的理想的人并不少，而因为许多不成功的例子被常常引用，让很多人误以为理想太不容易实现。

理想，说到底，无非是对某一种活法的主观选择。客观的限制通常是强大于主观努力的，树立理想应该是最合适的，没有现实根基的理想只能是妄想。有理想有追求是一种积极主动的活法，不被某一不切实际的理想所折磨，调整选择的方位，更是积极主动的活法。

一切生活都是值得好好去过的。须知任何一种生活都是生活，无论主观选择的还是客观安排的，只要不是穷困的、悲惨的、不幸的，只要是正常的生活都是有正面和负面的。帝王的权威不是农夫所能企盼和拥有的，但农夫却是不必担心被杀身篡位。人往高处走，水往低处流——人改变自己命运的想法永远是天经地义、无可指责的，但首先应是从最实际处开始改变。

一个人不论何时开始考虑怎样度过一生都为时不晚。未雨绸缪不但没有损失，反而使人获益很多。每个人来到世上都是有所为的，没有人生来就是轻视自己的，不是吗？如果你缺乏成就感，就该赶紧想办法拓展自己的思考范围，开创全新的人生。

另一方面，自知者不怨人，知命者不怨天。从字面上看来有点儿听天由命的样子，其实强调的是一种乐观的生活态度。没有乐观的生活态度，哪还谈得上什么积极进取？这样一来，你自然能了解，你从未失去什么。只要你愿意，切实掌握每一分钟，今天便是重生的起跑点，每分每秒都可以不断充实生活。

社会越是发展，人的机遇就会越多。人到中年未实现或未达到的，并不意味着你一生不能实现。你的一生中也许将几次经历得到、失去，再得、再失，有时你的人生轨迹竟被完全彻底地改变，迫使你一切从头开始。谁准备的越多，应变能力就越强，成就就越多，慢慢地你会发现有很多适合你的方面。

别忘了，选择最适合自己的才是最美的。

不完美也幸福

据说，自你一降生，就有一份天定的缘为你而生。然而大千世界，人海茫茫，生命苦短，如何才能找到属于你的那个完美的伴侣呢？现代的人们，总不能固守这份天缘，不能以易逝的青春和焦灼的心情屏息静候吧？于是，他（她）们常常很勉强地接受了随风而至的他（她），却又一遍遍地把他（她）和自己心目中那个完美的设想进行对比，对比一次，失望一次。他们并不懂得，如何去珍惜身边的和已经拥有的；他们也不知道，自己已经得到的其实就是最大的幸福、最真的爱情！

如果有这样一个人，他在你的心目中是绝对完美的，没有一丝缺陷，你敬畏他却又渴望亲近他，那么，这种感觉不可以称为"爱情"，而是"崇拜"。崇拜需要创造一个偶像，就像图腾之类没有血肉的东西；而爱情不需要，爱情是真真切切地能够用手触摸、用心体会的。爱情是你明知他穿得十分"土气"，却甘愿带他出入于大庭广众；是你鄙视清洁工，却偏偏做了清洁工的妻子；是你素有洁癖，却十分勤快地为他洗着油腻腻的饭盒、脏兮兮的球鞋……

一位秀外慧中的女孩大学毕业后，拒绝了很多优秀男孩的追求，最后却选择了一个毫不起眼且个子矮小的同事。周围的许多人都觉得不可思议，就连她的闺中女友也表示不理解。而她自己却很坦然，在众人疑惑的目光中，她披上婚纱与先生旖旎地走进了"围城"。多年以后，当她的同学们都疲倦于营造自己的一隅、失望于当初幻想的破灭之时，众人在同学聚会上发现：这位女孩并没有如他们原先所想的那样，被困在一个庸碌无为的圈子里，憔悴不堪；而是依然光彩照人，甚至比以前还多了一份成熟的雍容和深沉。这位女士告诉大家，她的男人不是最优秀的，有着许多的缺点，但这些在她还没有接受他的时候就已知道；但她愿意今生今世将自己的感情托付给这个在她遇到挫折的时候默默地帮助她、在她失意的时候热情地鼓励她，并且从不索取任何回报的男人。

由此可想，如果有一份执著而持久的感情和一份金玉其外却瞬间即逝的"感情"，你宁愿选择哪一种？世界上有许多出色的男孩和美丽的女孩，然而真正属于你的感情只能有一份，千万不要因为别人的眼光而改变了自己的挚爱，莫要活在别人的眼光里而失去了自己！感情不能贪心，也不能梦想。"如果有谁认为有十全十美的爱情，他不是诗人，就是白痴。"这话不无道理。所以，我们用心来守候着属于自己的、并不惊天动地的爱情，等待之后便是一生一世的厮守！

其实真正的爱情只有蜕变成亲情才能永存，浪漫也只能是一时的风花雪月，再美丽的爱情到最后也要踏踏实实过日子。想想人生几十年，转瞬即逝，年华逝去，如梦无痕。一直渴望能和自己心爱的人，在余晖下相依携手看天边的浮云，看飘零的枫叶，对自己来说，这就是幸福。记得海岩说过，幸福其实就是个人内心的一种感受，无所谓是非对错。其实只要你觉得自己是幸福的，那你就是幸福的。

失去才知珍贵

人往往是在失去以后才知道珍贵，愿我们好好把握珍惜眼前的一切，不仅仅是在爱情方面，亲情或友情亦是如此。

曾经有个男孩种了一株玫瑰，放在向阳的窗台上，那是他和一个女孩一起去买的种子和花盆。男孩总是对女孩说：你在我的心中永远是最美好的，我要种出最美的玫瑰花送给你。

女孩总是微笑地看着他，看他用专注的神情替玫瑰浇水施肥，看他用期待的眼神注视着眼前的盆栽。每当此时，女孩总会想起，当她与他第一次相见时，男孩正是用这样的神情注视着她。

在男孩用心的灌溉培育之下，日子一天天过去，玫瑰也长出了芽，生出了枝叶……

男孩迷上了上网，常和一群朋友玩在一块，几天不找女孩是常有的事。女孩越来越难找到他。女孩很担心他。

　　每次男孩回到家，总是会先去看看窗台上的玫瑰，看到玫瑰垂头丧气、病快快的，他总是心疼地责怪自己的疏忽，赶紧为它浇水施肥，日夜守护着它，希望玫瑰早日开出美丽的花朵……一天，他惊喜地看到玫瑰长出第一个花苞，高兴地打电话给女孩。等了很久电话的女孩，开心地听他用兴奋的语气说着："很快我就可以送你一束我亲手种的玫瑰了！"

　　男孩依然整日整夜地去玩，在家的时间越来越少。一天，当他回到家，低垂的玫瑰知道主人回来了，微微地抬起头。可是男孩太累了，倒在床上就进入了梦乡，第二天又匆忙出门去了。

　　许久未见到男孩的女孩，终于来到男孩的家，她看到干枯的玫瑰却仍残留着一片花瓣，似乎不放弃地在等着她。也许玫瑰也知道它的主人曾经那样用爱去灌溉它，就是为了让女孩能看到美丽的玫瑰绽放。

　　女孩看到地上有一张相片，是另一个女孩。灿烂地笑着，是自己也曾有过的笑容。女孩看着奄奄一息的玫瑰，再看看镜中憔悴的自己，不禁滴下了一滴眼泪，而残存的最后一片花瓣也在此时落下。

　　回到家的男孩着急地奔向窗台，却看到原本放置玫瑰的地方放着一盆仙人掌，还有一张字条。上面是女孩秀丽的笔迹：我走了！送你一株仙人掌，它不用时时浇水与照顾。但我希望你明白：不管多耐旱的植物，也会有枯死的一天。

　　男孩终于醒悟，他一直把女孩温柔的等待视为理所当然，却忘了她毕竟不是一株仙人掌。而此时他才意识到女孩是他心中永远的玫瑰花。

总有适合你的路

静谧的非洲大草原上，夕阳西下。一头狮子在沉思：明天当太阳升起，我要奔跑，以追上跑得最快的羚羊；此时，一只羚羊也在沉思：明天当太阳升起，我要奔跑，以逃脱跑得最快的狮子。

这只狮子发现了这只羚羊，追了半天也没追上。别的动物笑话狮子，狮子说："我跑是为了一顿晚餐，而羚羊跑却是为了一条命，它当然跑得快了。"

是的，无论你是狮子还是羚羊，当太阳升起的时候，你要做的就是奔跑，尽管有的为晚餐，有的为生命。

也许你奔跑了一生，也没有达到彼岸；也许你奔跑了一生，也没有登上峰顶。但是抵达终点的不一定是勇士；失败了的，也未必不是英雄。不必太关心奔跑的结局如何。奔跑了，就问心无愧；奔跑了，就是成功的人生。

人生之路，无需苛求。只要你奔跑，找到适合自己的坐标，路就会在你脚下延伸，人的生命就会真正创新，智慧就得以充分发挥。

生活中，那些所谓的成功者总是被善意地夸张着，好像他一生下来就注定是一个不平凡的人，而那些曾和你我一样的凡人，却在一遍又一遍地演绎着试图证明自己不是凡人的闹剧。一次又一次的失败之后，凡人开始觉得其实自己也不过是一个凡人。正是由于发现了这一点，所有一切事情的得失就似乎都算不了什么了。一次次相遇的错过，一次次逝去的优越条件，一次次失败……凡人问自己："这难道就是凡人的悲哀吗？"人就是凡人，凡人就有凡心，于是凡人对自己说："何必沮丧呢？我为什么要庸人自扰地看着别人的角色而懊丧呢？这个世界一定有一种角色是适合我的。"

凡人渐渐发现，凡人也有成功的时候，一个善意的赞扬、一次深深的感动、一次不菲的收获……都意味着凡人的成功。"成功"这个字眼儿并不意味着像爱因斯坦那样闻名于世，像爱迪生那样造福人类……凡人终于知道所有的成功并不一定要轰轰烈烈，也并不一定要出人头地，只要把握好自己的角色，好好地活着，不在烦恼中虚度光阴，茫茫人海中，凡人也是不平凡的一个……

每个年龄都是最好的

几岁是生命中最好的年龄呢？

电视节目拿这个问题问了很多的人。一个小女孩说："出生两个月，因为你会被抱着，你会得到很多的爱与照顾。"

另一个小孩回答："3 岁，因为不用去上学。你可以做几乎所有想做的事，也可以不停地玩耍。"

一个女孩说："16 岁，因为可以穿耳洞。"

一个少年说："18 岁，因为你高中毕业了，你可以开车去任何想去的地方。"

一个男人回答说："25 岁，因为你有较多的活力。"这个男人 43 岁。他说自己现在越来越没有体力走上坡路了。他 15 岁时，通常午夜才上床睡觉，但现在晚上 9 点一到便昏昏欲睡了。

一个 3 岁的小女孩说生命中最好的年龄是 29 岁。"因为你可以躺在屋子里的任何地方，虚度所有的时间。"有人问她："你妈妈多少岁？"她回答说："29 岁。"

有人认为 40 岁是最好的年龄，因为这时是生活与精力的最高峰。

一位女士回答说 45 岁，因为你已经尽完了抚养子女的义务，可以享受含饴弄孙之乐了。

一个男人说 65 岁，因为可以开始享受退休生活。

最后一个接受访问的是一位老太太，她说："每个年龄都是最好的，享受你现在的年龄吧。"

每个年龄都是最好的。但在现实生活中，我们常常认为自己所处的年龄是最糟的。史威福说："没有人活在现在，大家都活着为其他时间做准备。要么是回忆过去的美好时光，要么为了将来苦思冥想、疲于奔命，独独忘了要把握现在，活在现在。"

只有你现在的年龄是最真实的，不要回避今天的真实与琐碎。走好脚下的路，唱出心底的歌，把头顶的阳光编织成五彩的云裳，遮挡凌空而至的风霜雨雪。每一天都向人们敞开，让花朵与微笑回归你疲惫的心灵，让欢乐成为今天的中心。如果有荆棘阻挡你匆匆的脚步，那也是今天生活中的最真实。

迎接今天的最佳姿势就是站立，用你的手拂去昨天的狂热或沉寂，用你的手推开明天的迷雾或霞辉，用你的手握住今天的沉重或轻松。把迎风而舞的好心情留在今天，把若隐若现的阴影也留在今天。

享受你现在的年龄吧，让生命感知生活的无边快乐。

只和自己比

人难免要和别人相比，有不同就会有比较。同事之间都爱打听别人的工资是不是比自己高，老板是不是看中他而不是自己？看别人家买了宽敞舒服的新房子，自己还和父母挤在一起，总会有些不平衡。夫妻之间也经常因为这些发生口角。妻子抱怨老公没有别人的丈夫能干；丈夫则说老婆不如别人的妻子贤惠持家。这样比来比去，根本就没个尽头。须知山外有山，天外有天，即使人登上了珠穆朗玛峰，他也没有头顶上的天高；坐上了总统的宝座，却也只能统治一国而不是整个宇宙。

的确，和人相比可以给自己树立明确的目标和参照，很多人就是向他人看齐，步步赶超，实现自己的目标的。很多成功的企业都是在和对手的竞争中逐渐壮大起来的，这样的例子不胜枚举。但和对手比的同时，还要和自己比。一个中等身材的人在矮人国里鹤立鸡群，但他依然不能算作高大；如果你是班里考试唯一一个及格的，那并不能以此就说明你学习好……不断超越自己，才是真正的超越。每天进步一小点儿，看似不起眼，但几年之后，几十年之后，这累积起来的前进将是很大的成就。只有超越自己，才能不断地攀上一座又一座的高峰。

邓亚萍5岁开始随父亲学打球。但她身材矮小，手短脚短，打起乒乓球来的确是挺吃力的。在体工大队训练时，教练认为她"个子低、胳膊短，没发展前途"，被辞退了。邓亚萍被深深地震动了，在她幼小的心灵里暗下决心，一定要以超人的毅力弥补生理上的不足。强烈的自尊心驱使邓亚萍更加刻苦地训练。

1986年，全国乒乓球锦标赛上，13岁的邓亚萍创造了击败世界女子冠军的奇迹，数位世界名将纷纷败在了这个个头仅有1.41米的小姑娘的拍下。从此她一战成名，入选了国家队，并在以后十几年的时间里多次获得国内国际大赛冠军。创造了后人难以企及的纪录，从而成为中国乒乓队的灵魂人物。

2002年邓亚萍在国际奥委会道德委员会以及运动和环境委员会担任职务；2003年，邓亚萍被邀请到北京奥组委市场开发部工作。此外，她还是全国政协委员。人生道路上的孜孜追求让她获得了无数的成功和荣誉，她超越自我的精神使她不断地创造着新的辉煌。

俗话说："人比人，气死人。"你的身边总有强过你的人，如果无法超越又何必过于执著。盲目的攀比很容易造成心态失衡，因为人无完人，自己总有不足，要勇于承认缺点，没必要去苛求自己。越这样比，人就越自卑，越偏激，在痛苦和自责里挣扎，没有尽头。老子曾说："夫不争，故天下不能与之争。"你不和别人争，只坚持提升自己，也就没有人能争得过你。和别人比，如果你不再有对手，那你也就没有了前进的动力；和自己比，明天就要比今天有进步，这样你才会不断地前进。

给爱一条生路

也许你很懂得选择。无论是简单的购物，还是对于工作、学习、生活的选择。而当遇见爱情的时候，你却忘记了选择，或不会选择了。在爱的选择中，人们常常做出愚蠢的举动。

不要忘记，爱也是可以选择的。如果想要拥有一份真正的爱情，也需要我们像买东西一样精心挑选。如若出现了什么问题，我们一样也要退换，不要在抱怨声中滞留。

爱情也是会出现质量问题的。毕竟爱情是两个人的事情，彼此个性的不同会使爱情中产生很多问题。爱情的保质期究竟有多长，判断爱情消逝的标准又是什么，很多人都在研究。

当你的另一半已经像变了一个人，变得对你冷漠的时候，很显然，你们的爱情已经出现了问题。如果可以补救那固然很好，可是有时爱情已经变质到无法挽回，这时硬在一起也没有好结果，甚至容易因爱生恨。那么我们为什么不去做新的选择，放爱一条生路呢？

人生变化难测，更何况是不能用理性评判的爱情呢？不知你有没有想过，明知爱已经不在，可就是不肯放手，原因是什么呢？"我就是要死拽着他，死也要拖死他！"当你说这句话的时候，很显然，不仅仅是他已经不爱你了，你也已经对他没有了爱。那么不放手的原因就是不甘心，不正确的自尊让你变得糊涂，让你执拗地牵拽着对方去继续已经没有结果的事情。筋疲力尽地牵拽甚至可能让你变得疯狂，越加没有理性，做出一些过激的行为，从而更加丧失自尊，甚至想回头是岸都悔之晚矣。早知如此，何不及时放手呢？洒脱地爱，洒脱地放手，才能拥有真正的爱情。

在爱情上不要犯傻，要时刻警醒自己，爱也是可以选择的。在放手的同时，也是给予了自己一次新的选择的机会。

给爱一条生路，也是给自己一条生路。